高等院校艺术设计精品系列教材

# UI设计

## 基础与实战

项目教程 微课版

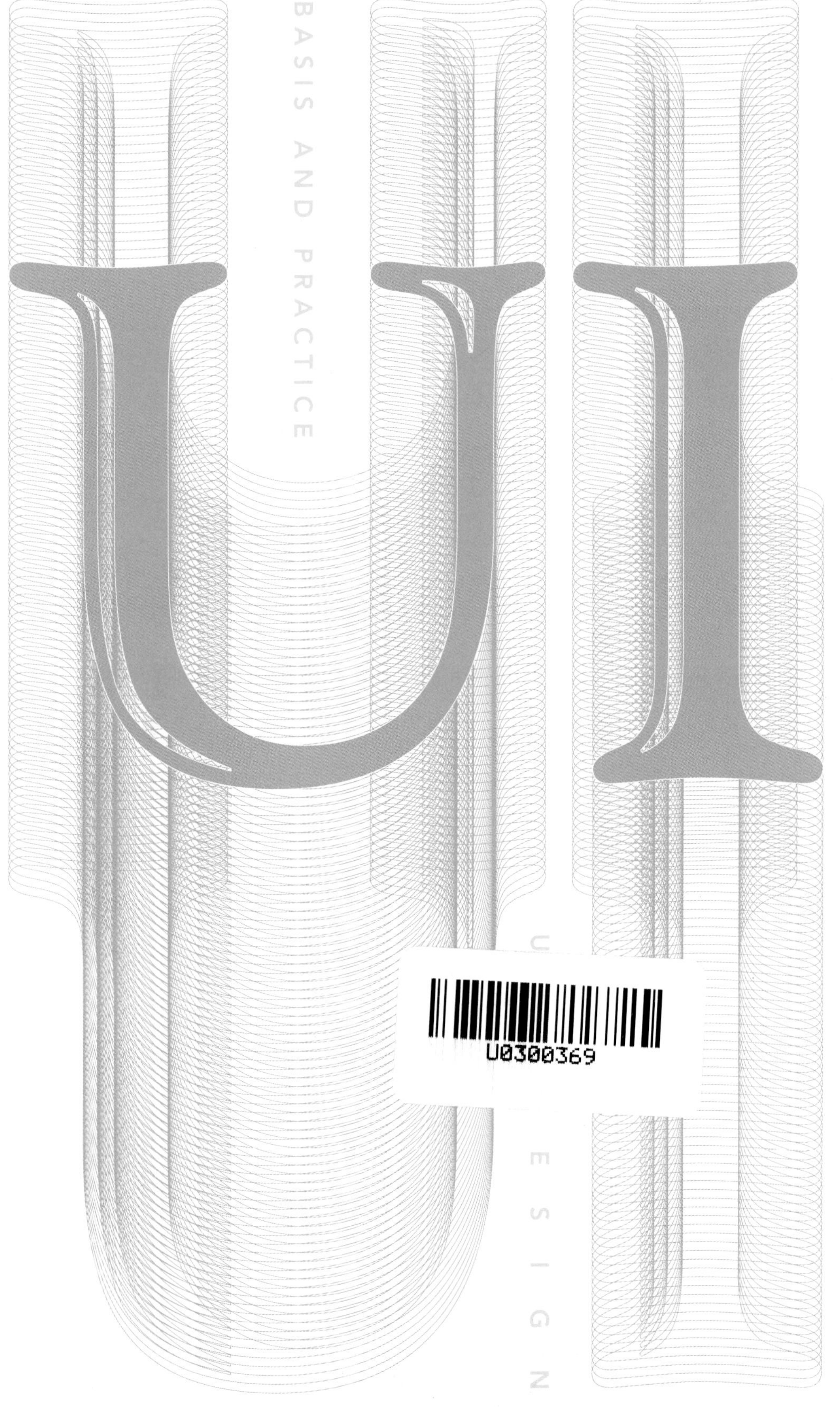


+ 夏琰 主编
+ 岳超 刘改 副主编



人民邮电出版社
北京

**图书在版编目（CIP）数据**

UI设计基础与实战项目教程 : 微课版 / 夏琰主编
. -- 北京 : 人民邮电出版社, 2021.9（2023.7 重印）
高等院校艺术设计精品系列教材
ISBN 978-7-115-56260-9

Ⅰ. ①U… Ⅱ. ①夏… Ⅲ. ①人机界面－程序设计－高等学校－教材 Ⅳ. ①TP311.1

中国版本图书馆CIP数据核字(2021)第055476号

## 内 容 提 要

本书以理论与实战相结合的方式，详细介绍了与 UI 设计相关的知识和技术。全书共 5 个单元，分别为 UI 设计概述、UI 设计要素、移动端 UI 设计、网页端 UI 设计、UI 设计综合项目实战。全书图文并茂，内容由浅入深，并辅以拓展案例、教学视频。

本书适合作为高等院校 UI 设计课程的教材，且非常适合 UI 设计初学者使用，也可供 UI 设计从业人员自学参考。

◆ 主　　编　夏　琰
　副 主 编　岳　超　刘　改
　责任编辑　王亚娜
　责任印制　王　郁　彭志环
◆ 人民邮电出版社出版发行　　北京市丰台区成寿寺路 11 号
　邮编　100164　　电子邮件　315@ptpress.com.cn
　网址　https://www.ptpress.com.cn
　北京博海升彩色印刷有限公司印刷
◆ 开本：787×1092　1/16
　印张：10.5　　　　2021 年 9 月第 1 版
　字数：185 千字　　2023 年 7 月北京第 4 次印刷

定价：59.80 元

**读者服务热线：(010)81055256　印装质量热线：(010)81055316**
**反盗版热线：(010)81055315**
**广告经营许可证：京东市监广登字 20170147 号**

# 前言

PREFACE

随着智能终端设备的发展和普及，人们越来越注重用户界面的视觉设计和操作体验，产品的UI（用户界面）设计需求越来越专业化，UI设计人才的市场需求量也越来越大。UI设计所面向的领域包括平面媒体设计、网页端界面设计、移动端界面设计、交互设计和互联网产品设计等。UI设计行业发展前景广阔，但对UI设计从业人员的素质、能力有相对较高的要求。

中国式现代化蕴含的独特世界观、价值观、历史观、文明观、民主观、生态观等及其伟大实践，是对世界现代化理论和实践的重大创新。新时代的中国青年，是伟大理想的追梦人，也是伟大事业的生力军。本书贯彻党的二十大精神，注重运用新时代的案例、素材优化教学内容，改进教学模式，引导大学生做爱国、励志、求真、力行的时代新人。本书从从事UI设计需要具备的职业能力入手，结合编者多年从事UI设计教学的经验，由浅入深介绍了与UI设计相关的知识和技术。全书具体内容如下：第一、第二单元以理论讲解为主，详细介绍UI设计的定义、分类、知识储备和工作流程、设计要素等知识；第三、第四单元结合多个项目实战，介绍移动端UI设计和网页端UI设计；第五单元为UI设计综合项目实战，综合应用全书知识完成UI设计项目。

全书详略得当，并为重点内容配备了教学视频，读者通过扫描二维码即可观看。此外，每个单元后都安排有课后习题，读者可以考查自己对各个单元知识和技能的掌握情况。

本书的参考学时为96～128学时，建议采用理实一体化的教学模式。

本书由夏琰任主编，岳超、刘改任副主编。夏琰负责全书的总体策划，以及第一、第三、第五单元（部分）的编写、案例整理、视频录制等工作，岳超负责第四、第五单元（部分）的编写、案例整理、视频录制等工作，刘改负责第二单元的编写、案例整理等工作。

UI设计的发展速度很快，有些内容在数据或规范要求上可能出现更新不及时的现象，敬请读者谅解。

编者

2023年3月

# 目录

CONTENTS

ART
DESIGN

# 目录

CONTENTS

# 目录

CONTENTS

01

# 第一单元 UI设计概述

- UI设计的定义
- UI设计的分类
- UI设计知识储备
- UI设计工作流程

“用户界面”（User Interface，UI）一词最早出现在1984年，是由苹果（Apple）公司提出的，应用于第一代Mac，当时被称为图形化界面。随着智能手机的普及，图标、界面、交互方式逐渐成为应用程序（App）中不可缺少的设计要素，“UI设计”才为大众所熟知。现今，“UI设计师”已成为热门职位。图1-1所示为2014—2020年UI设计师与平面设计师岗位的需求对比情况。

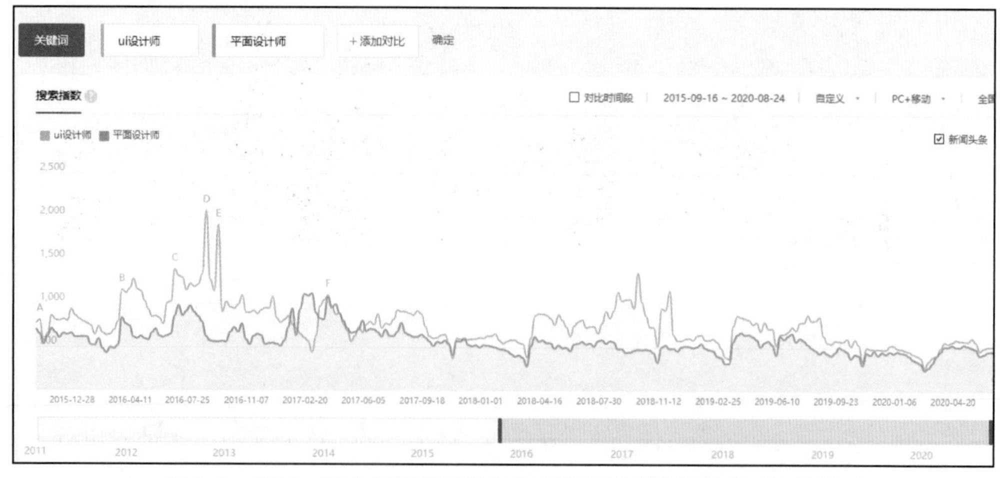

图1-1　2014—2020年UI设计师与平面设计师岗位的需求对比情况

# 1.1 UI设计的定义



UI设计的前身是平面设计和网页设计。UI设计相较于平面设计和网页设计，更加关注用户体验，并加入了操作逻辑、交互方式、控件响应等设计内容，其目的是使软件（或App）界面变得更有个性、有品位，让操作变得更简单、自由。因此，人们将UI设计定义为对软件（或App）的人机交互、操作逻辑和界面美观的整体设计。

## 1.1.1 人机交互

机器系统与用户之间的交流、互动，需要通过用户可见的界面来实现，这个界面通常称为人机交互界面。在UI设计中，人机交互就是指从用户体验的角度，对交互过程进行研究，并设计出一系列最有效的界面展现给用户。通过交互界面中合理的页面布局、完整的功能呈现，用户可与机器“对话”，完成操作，如图1-2所示。

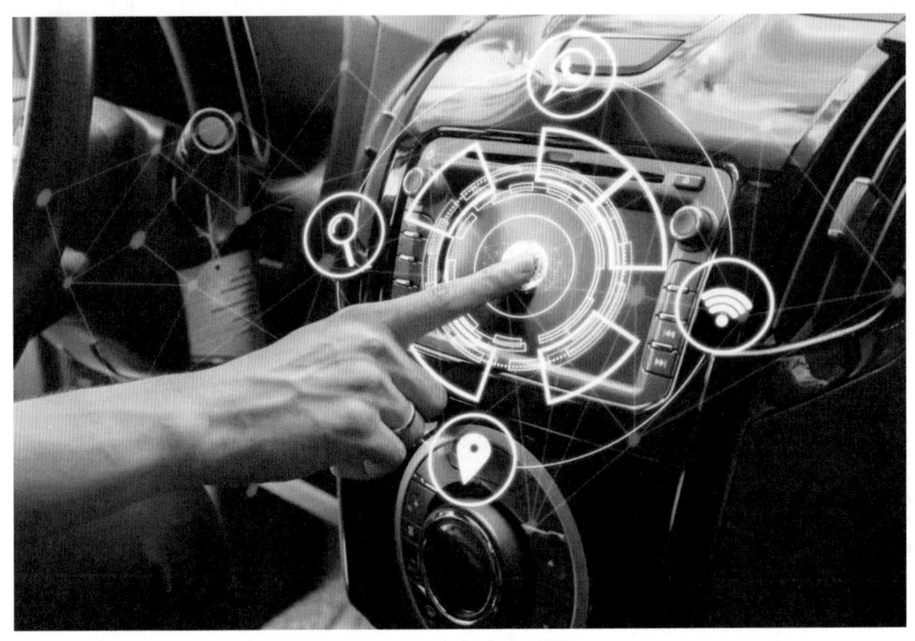

图1-2 人机交互界面

## 1.1.2 操作逻辑

软件、App或网站一般都会有很多界面，这些界面都是相互关联的，用户可以利用界面中的按钮、菜单、图标、导航栏等控件实现其与关联界面的切换，这就是UI设计中的操作逻辑。UI设计师要关注用户在操作时的每个步骤，通过指引性的提示帮助用户了解如何去操作。这种逻辑流转的设计，会使操作简单、方便，一目了然。图1-3所示为某产品的框架图，连线表示各界面之间的逻辑关系。

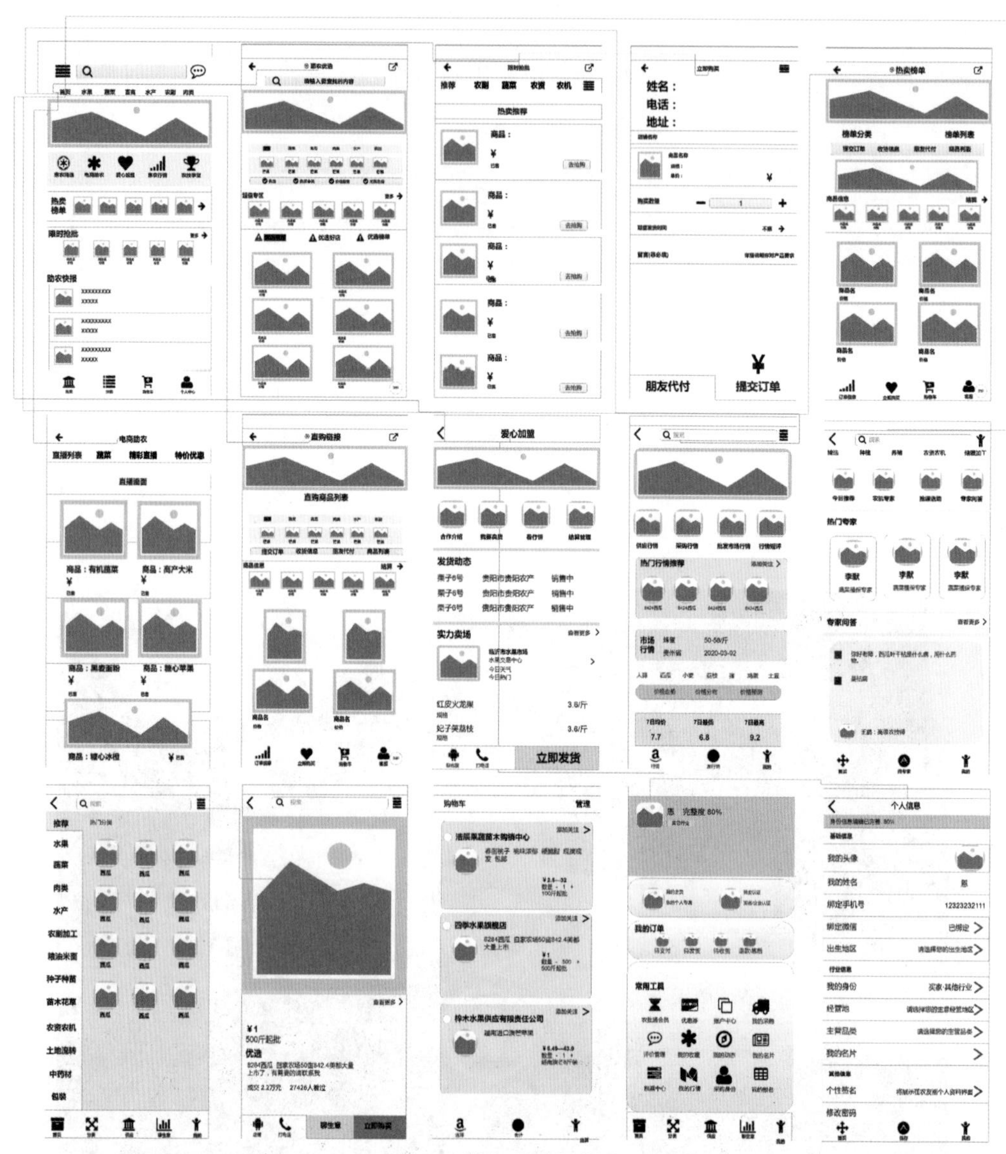


图1-3　某产品的框架图

## 1.1.3　界面美观

界面美观是指界面在保证功能性的同时，也要注重美观性。一个友好、美观的界面会给用户带来舒适的视觉享受，拉近用户与产品的距离，为产品创造卖点。图1-4所示为界面设计示例。界面的色调，界面的图形、文字设计，界面的空间布局等视觉设计元素都是决定界面美观与否的关键。界面设计不是单纯的美术绘画设计，在设计时要注重用户体验，应有目的、有依据地进行合理设计，而不是进行自我陶醉式的艺术设计。



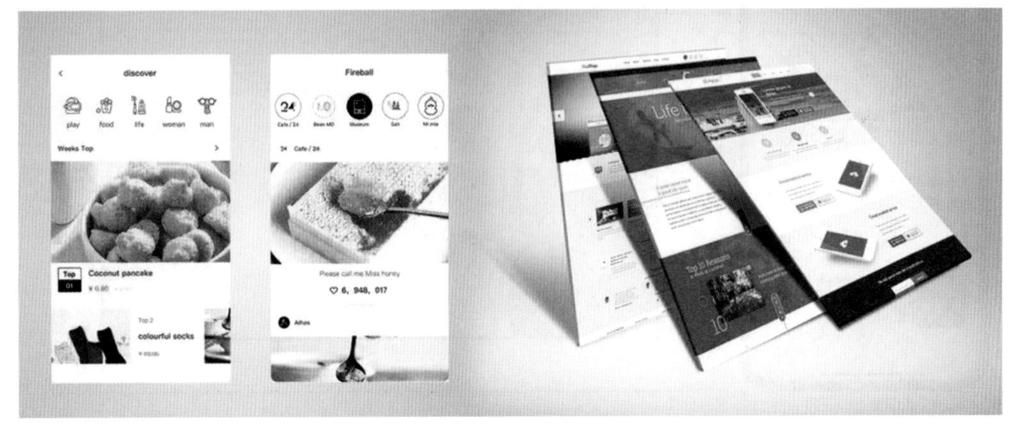


图1-4　界面设计示例

## 1.2　UI设计的分类

在日常生活中，几乎所有带有电子屏幕的显示设备（手机、计算机、电视、Pad、车载系统等）的应用都离不开UI设计。如果按用户和界面来划分，UI设计可以分为移动端UI设计、网页端UI设计、其他UI设计三类。

### 1.2.1　移动端UI设计

移动端UI设计是指手机、Pad端的UI设计，如图1-5所示。移动端UI设计通常包括图标设计、交互设计、App界面设计、互动广告设计等。

手机、Pad等移动端设备的UI设计在设计规范、交互操作方式等方面与个人计算机（Personal Computer，PC）端有很大的不同。移动端设备屏幕尺寸有限，操作层级相对较多，交互方式多样（如滑动、点按、拖动等）。所以在进行移动端UI设计时，首先要了解目标平台的设计规范，把握设计原则，确保界面设计的美观性、界面功能的清晰性，以及界面设计风格的一致性。

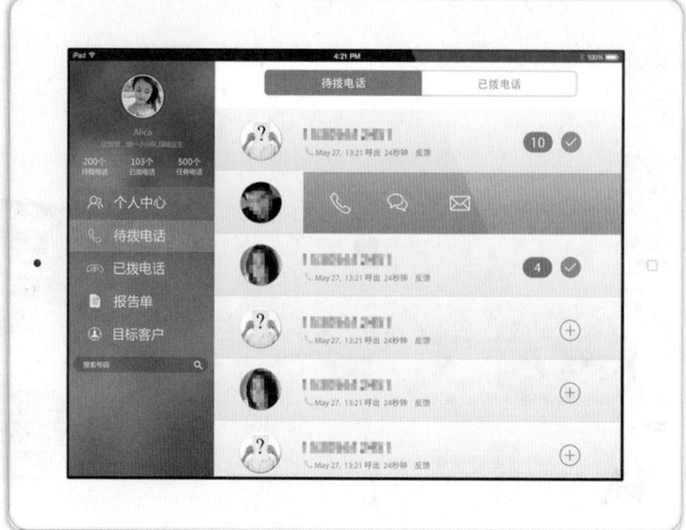


图1-5　移动端UI设计

## 1.2.2　网页端UI设计

网页端UI设计主要是指Web界面设计、PC端软件界面设计等，如图1-6所示。有些人认为网页端UI设计就是网页美工，其实这个理解是狭隘的。网页端UI设计绝不单单是美化页面效果那么简单，它还要考虑用户的操作体验、交互的行为过程、逻辑的顺畅呈现、功能的清晰完整等，对UI设计师的要求很高。

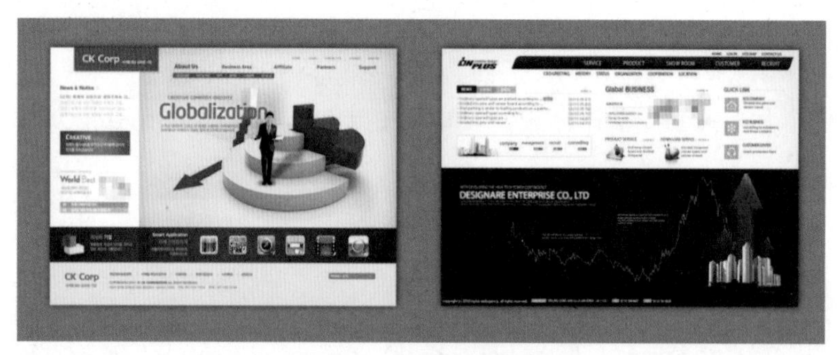


图1-6　网页端UI设计

## 1.2.3　其他UI设计

除了移动端UI设计和网页端UI设计，常见的UI设计还有游戏UI设计（见图1-7）、VR界面设计（见图1-8）等。

一款游戏UI设计的好坏，可以影响玩家的留存。对于游戏UI设计而言，交互性和视觉呈现都需要考虑全面，要让玩家觉得游戏集美观性和娱乐性于一体。随着虚拟现实（Virtual Reality，VR）硬件与应用的快速发展，VR界面设计的需求也直线增长。为虚拟现实设计用户界面逐渐成为UI设计的一个重要领域。

图1-7 游戏UI设计

图1-8 VR界面设计

# 1.3 UI设计知识储备

UI设计是对产品的整体风格、交互行为、界面布局、操作流程等进行设计，因此，UI设计师要在美术设计、软件操作、逻辑思维、心理学分析、程序编码、市场调查等多领域进行知识储备。UI设计师既要有设计师本身的艺术修养，还要有多种专业的理论知识，属于复合型专业人才。一般来说，UI设计师可以先从视觉设计基础和软件设计基础两个方面储备知识。

## 1.3.1　视觉设计基础

用户对界面最直观的印象就是界面的视觉效果，界面的风格、颜色、布局都是影响界面视觉效果的重要因素。所以，学习UI设计，首先要学习手绘（见图1-9）、配色（见图1-10）、版式设计（见图1-11）等美术基础知识，同时还要了解设计原理、表现技法等理论知识。

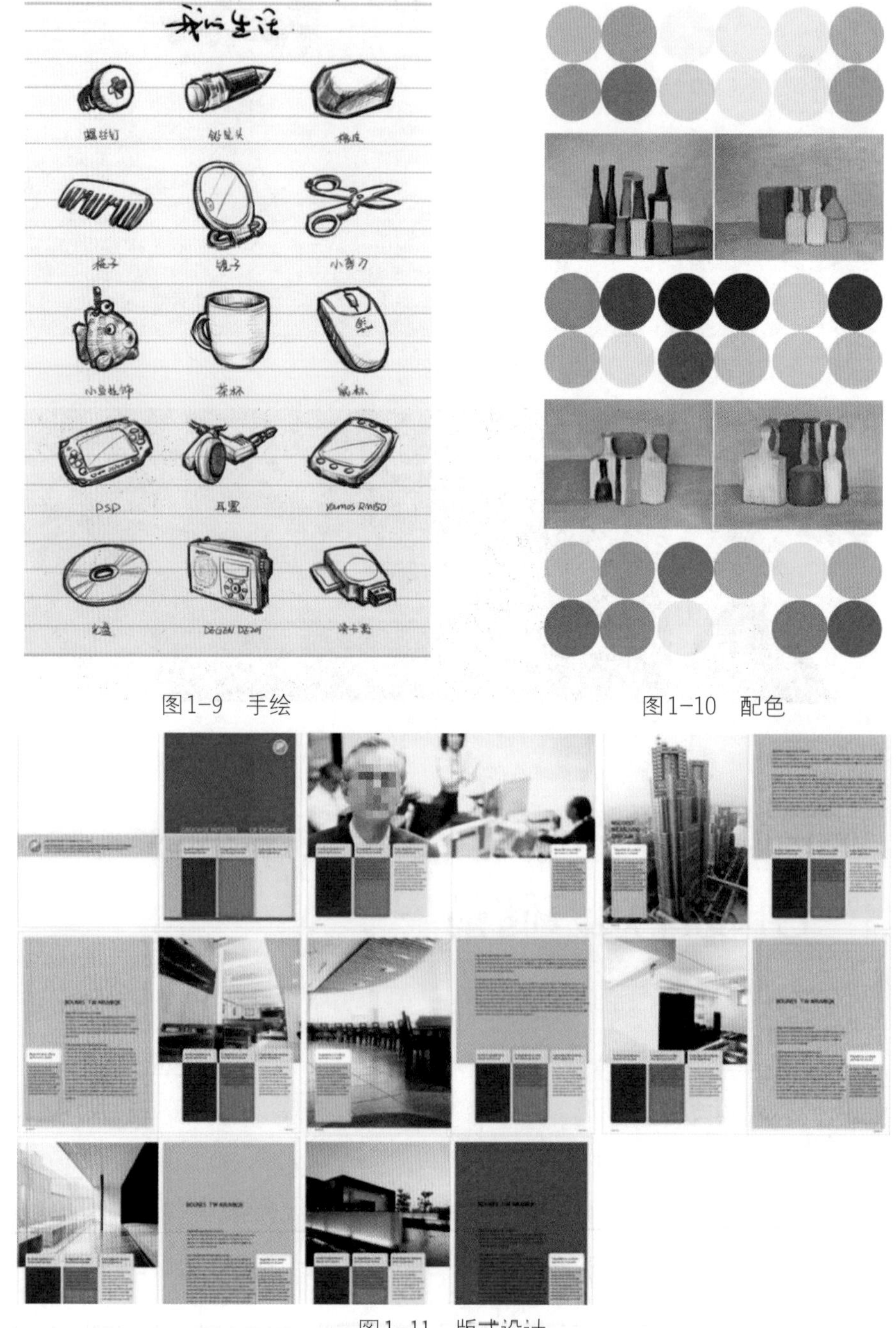


图1-9　手绘

图1-10　配色

图1-11　版式设计

### 1.3.2 软件设计基础

UI设计师在进行UI设计之前需要熟练掌握一些设计软件的应用，如Photoshop、Illustrator、Axure、Xmind、Flash、After Effects等，用以完成图标、界面、交互原型图、动效等的设计与制作。此外，UI设计师还应掌握超文本标记语言（Hyper Text Markup Language，HTML）和层叠样式表（Cascading Style Sheets，CSS）（见图1-12）基础知识，了解交互式平台应用技术。在进行UI设计时，UI设计师也常借助一些辅助性的软件来提高设计效率，如使用像素Cook进行标注。

图1-12 软件设计

在信息时代，尤其是和互联网技术密切相关的UI设计领域，其知识和技术一定是日新月异。这就要求有志从事UI设计工作的人，不断充实、更新自己的知识储备，坚持学习。

## 1.4 UI设计工作流程

UI设计的工作流程，不同的公司可能会不太一样（如UI设计师的参与阶段）。但是设计工作从立项到完成，一般都要经过“需求分析—设计制作—开发测试”3个阶段。

#### 1. 需求分析阶段

需求分析阶段主要是结合客户需求，分析产品目标用户的需求，确定目标市场，明确产品定位，了解同类产品的优缺点，如图1-13所示。

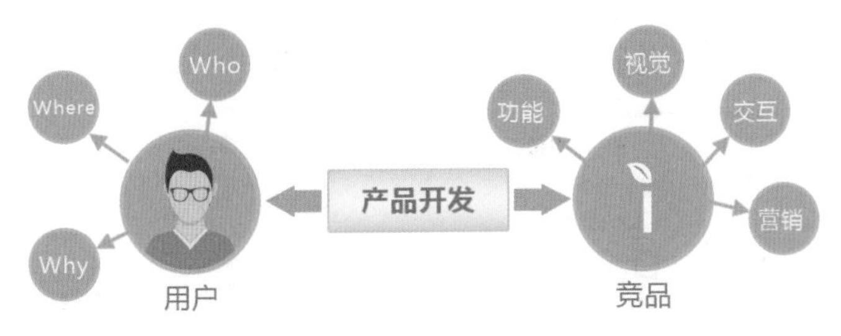


图1-13 需求分析阶段

产品是要为用户所使用的，用户的需求特征是什么、使用产品能够得到什么、使用后的感受是什么，都是UI设计师要关注的问题。在关注用户需求的基础上，UI设计师还应该尝试开发延伸性的功能，为用户提供需求之外的“惊喜”。比如，要开发一款外卖类的App，针对的用户就是有点餐需求的人群，除了要设计能够让用户快速、方便地进行选择、支付的功能，还可以设计一个膳食搭配功能。这样App在满足用户基本饮食需求之外，还带动用户关注健康饮食。

在确定了目标用户后，应结合产品定位进行竞争产品（简称竞品）分析。进行竞品分析时，通常可选择3～5个竞品，针对功能、视觉、交互、营销手段等方面进行分析，找到同类产品的优势和不足，找到可借鉴或避免的地方，并挖掘设计的切入点。

### 2. 设计制作阶段

完成需求分析阶段之后，进入设计制作阶段。在这个阶段，要根据功能描述梳理界面框架、规划界面布局，在与客户沟通、达成一致意见后，确定整个界面的色调、风格、控件等视觉元素的表现。要注重界面的功能性、美观性、简洁性，如图1-14所示。

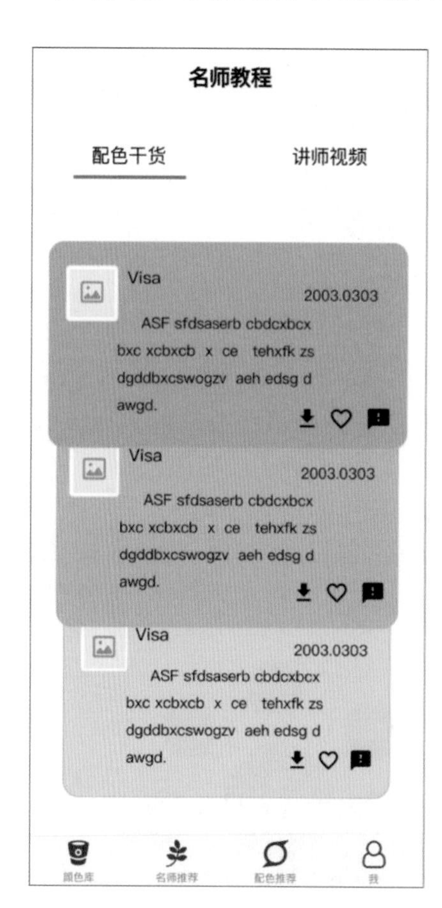


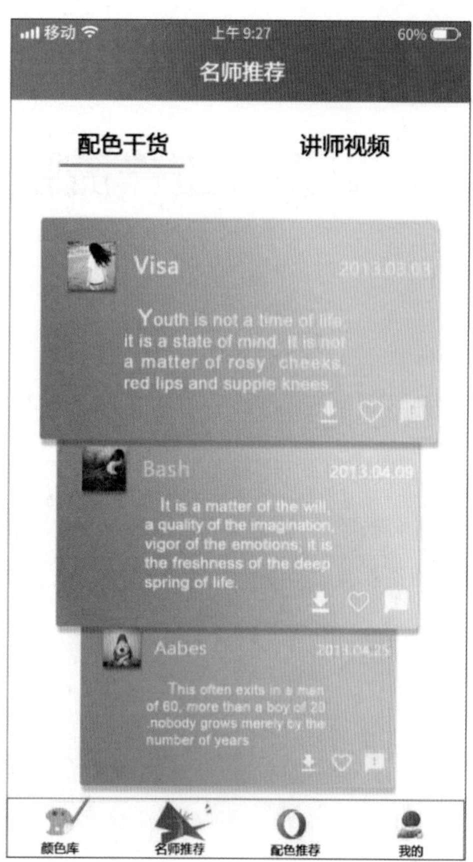


图1-14　设计制作阶段

### 3. 开发测试阶段

在设计方案交付并通过之后，UI设计师要配合开发人员进行切图，配合测试人员测试产品是否可用，产品推向市场后还需要跟踪了解用户的反馈。优秀的UI设计师应该在产品上市以后主动接近市场，在一线零距离接触最终用户，了解用户的使用感受，为产品的版本升级积累经验、收集资料。

## 1.5 单元小结

本单元概括性地介绍了UI设计的定义、UI设计的分类、UI设计知识储备和UI设计工作流程。读者对UI设计有了初步的认识，对其工作流程有了大体的了解，为后续学习奠定基础。

## 1.6 课后习题

### 一、填空题

1. UI是“User Interface”的缩写，译为____________。

2. 人们将“UI设计”定义为是对软件（或App）的____________、____________、____________的整体设计。

3. UI设计从立项到完成，一般都要经过____________、____________、____________3个阶段。

### 二、多选题

1. 按用户和界面来划分，UI设计可以分为（　　）等。

A. 移动端UI设计　　B. 网页端UI设计　　C. 游戏UI设计　　D. VR界面设计

2. 需求分析阶段的主要任务有（　　）。

A．分析用户的需求　　B.确定目标市场

C. 明确产品定位　　D.了解同类产品的优缺点

3. 设计用户界面时，要注重界面的（　　）。

A. 功能性　　B. 美观性

C. 简洁性　　D.耐用性

## 三、简答题

1. UI设计师需要具备多方面的综合能力，具体包括哪些能力?

2. 在进行产品开发前要进行竞品分析，这样做的目的是什么?

# 02 第二单元　UI设计要素

- UI色彩设计
- UI图形设计
- UI文字设计

UI是用户与数字产品沟通的桥梁。一个友好、美观的UI会给用户带来舒适的视觉享受，拉近用户与数字产品的距离，创造卖点。

UI设计是纯粹的、科学性的艺术设计。UI的设计要素主要包括色彩、图形和文字。只有掌握了这些要素的设计原则、表现手法等，才有可能设计出优秀的作品。

# 2.1 UI色彩设计

任何一款数字产品的UI设计都离不开色彩，如App界面、Web界面、游戏界面等。色彩设计广泛地应用于移动端和网页端产品界面设计中，给产品带来鲜活的生命力。色彩设计既是UI设计的语言，又是视觉信息传达的手段和方式，是UI设计不可或缺的重要元素。

## 2.1.1 色彩设计的原则

在进行UI设计时，除了要考虑产品本身的特点，还要遵循一定的艺术规律，这样才能设计出色彩鲜明、独特的UI。具体来说，色彩设计应遵循以下几个原则。

### 1. 一致性原则

UI设计的色彩风格要与产品主题保持一致。因为不同的色调象征意义不同，而且给人带来的心理感受也不同。例如，电子商务类网站的UI应该呈现温馨、热情的氛围，所以可以采用红色、橙色、黄色等暖色调色彩搭配。图2-1所示的网站首页的主色调为橙色和红橙色，使人感到亲切、热情。健康类产品的UI应该呈现平静、安全的氛围，所以可以选用绿色，因为绿色象征着生命与希望。图2-2所示的App是一款健康类管理的软件，其主色采用绿色，使人感到平静和安全。

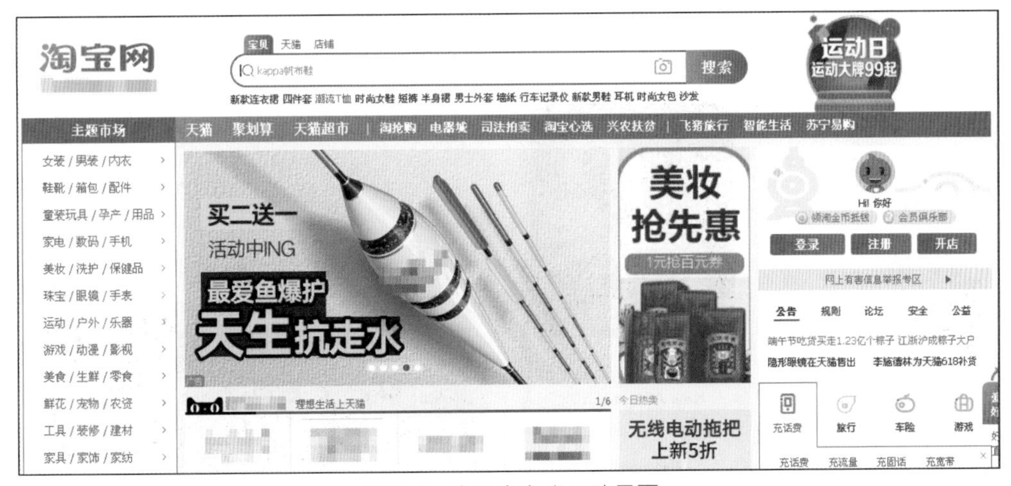


图2-1 电子商务类网站界面

图2-2　健康类App界面

## 2. 独特性原则

互联网上的App产品、Web产品层出不穷，如果想要在众多产品中脱颖而出，产品的UI设计除了要符合一致性原则，还要有自己独特的色彩风格。

色彩作为一种视觉元素，潜移默化地影响着用户的情绪，甚至行为。所以在进行UI色彩设计时，要按照内容决定形式的原则，大胆进行艺术创新，避免色彩过于单调、没有变化、缺乏氛围。在色彩面积、色相、纯度、明度、光色、肌理等方面应设计出有秩序、有规律的变化，以丰富用户感观，让界面整体色彩更加和谐、统一。图2-3所示为音乐App界面，界面中大面积采用黑白色调，但为了防止界面单调，又恰当地用蓝色进行点缀，让界面立刻生动起来。图2-4所示为跑车网站界面，同一色相在纯度、明度、光色等方面都有规律性的变化，使界面整体看起来更有质感。

图2-3　音乐App界面

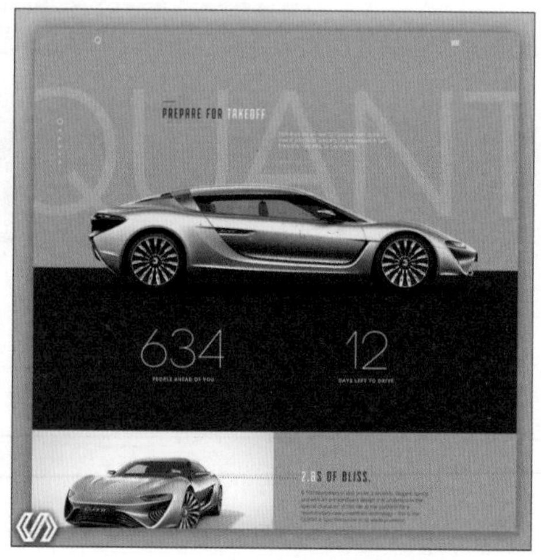

图2-4　跑车网站界面

### 3. 针对性原则

人们的生活环境、文化修养、年龄、性别及性格不同，导致其审美千差万别。不同的用户对色彩的喜好不同，对色彩的联想和理解也不同，所以在进行UI色彩设计时，要有针对性地尽可能采用符合用户审美的色彩。例如：针对男性的产品界面通常就会选择具有金属质感的黑色、灰色、蓝色系；针对女性的产品界面通常会选择梦幻甜美色系、糖果色系；针对知识分子的产品界面应以中性色、冷色为主，如咖啡色、蓝色等；针对儿童的产品界面，为营造富有童趣的视觉效果，一般采用红、黄、蓝、绿等对比鲜明的色彩。图2-5所示的在线课堂网站界面，采用的主色调为蓝色，因为蓝色一般代表沉稳、理智。图2-6所示的儿童游戏App界面，采用了高明度的色彩搭配，同时又融入自然和拟物化的元素，给人以趣味、快乐的感觉。

图2-5　在线课堂网站界面

图2-6　儿童游戏App界面

另外，UI设计师要不断地关注流行色的发展。国际上每年都会公布流行色。如果UI设计师能恰当地将流行色运用于时尚类产品的UI色彩设计当中，就能起到更好的宣传效果。

## 2.1.2　色彩设计方案

颜色搭配是UI设计过程中一个重要且比较耗时的阶段，UI设计师有时需要花很长时间来选择适合的颜色。众所周知，每一种颜色带给用户的视觉感受是不同的，出色的颜色搭配会使用户感到舒适。下面我们就一起来学习进行UI设计时的色彩设计方案。

### 1. 色彩设计的基本方法

（1）确定UI主色调的方法

主色调即界面的主题颜色，如铁路系统12306网站的主色调是蓝色，京东的主色调是红色等。那么到底如何来选取UI的主色调呢？

①从公司或品牌企业文化的角度选取

通常一家企业的视觉识别（Visual Identity，VI）系统代表着企业的文化精髓，所以其UI的主色调可以选择企业VI系统的标准色。例如，图2-7所示的航空公司官方网站的主色调就是其VI系统的标准色——蓝色。

图2-7　航空公司官方网站

②从行业特征的角度选取

不同的行业有不同的特点，其网站主题风格也各具特色，在确定UI主色调时应充分考虑产品的行业特征。例如：教育行业的网站主色调多为蓝色，因为蓝色多代表稳重、严谨；电商行业的网站主色调多为红色、橙色，因为这样的颜色给人一种温暖、热情的感觉，如图2-1所示。

③从目标用户的角度选取

不同的目标用户，由于年龄、性别、文化层次等的不同，其对色彩的喜好也不一样，所以在选取UI主色调时要尽可能采用符合用户审美的色彩。例如：儿童培训类网站的游戏App界面尽量采用比较鲜艳的色彩搭配，因为鲜艳的色彩比较符合儿童的心理特点，容易引起儿童的兴趣。

（2）确定UI辅助色的方法

辅助色在UI中起到辅助主色的作用，主色和辅助色搭配合理会使UI的色彩和谐、统一，提升用户的好感。那么如何选择辅助色呢？下面就来介绍几种行之有效的选择UI辅助色的方法。

①采用主色的同色系颜色作为辅助色

采用这种配色方案，基于一种颜色，以不同的明度和饱和度区分层次，可以使UI

呈现柔和、整体、统一的视觉效果。图2-8所示的网站界面采用的就是用主色的同色系作为辅助色。

图2-8　用主色的同色系做辅助色的网站界面

②采用主色的对比色或补色作为辅助色

采用这种配色方案可以使UI的主色更为突出。图2-9所示的网站界面采用的就是用主色的对比色作为辅助色。

图2-9　用主色的对比色做辅助色的网站界面

③采用主色的邻近色作为辅助色

采用这种配色方案可以使UI的变化更丰富，更具活泼感。图2-10所示的网站界面采用的就是主色的邻近色作为辅助色。

图2-10　用主色的邻近色做辅助色的网站界面

④采用黑、白、灰色作为辅助色

采用这种配色方案能够营造出融合的色彩氛围，因为黑、白、灰色可以跟任何颜色搭配。图2-11所示的网站界面采用的就是用灰色和黑色作为辅助色。

图2-11　用灰色和黑色做辅助色的网站界面

（3）确定UI中提醒色的方法

提醒色占全部色彩的5%左右，具有提醒用户的作用，一般应用在鼠标指针悬停、选中状态和强调部分。提醒色一般要在明度、饱和度上与UI的整体色调有明显差异，适宜选用明度或饱和度较高的颜色。图2-12所示网站界面中的黄色就是提醒色。

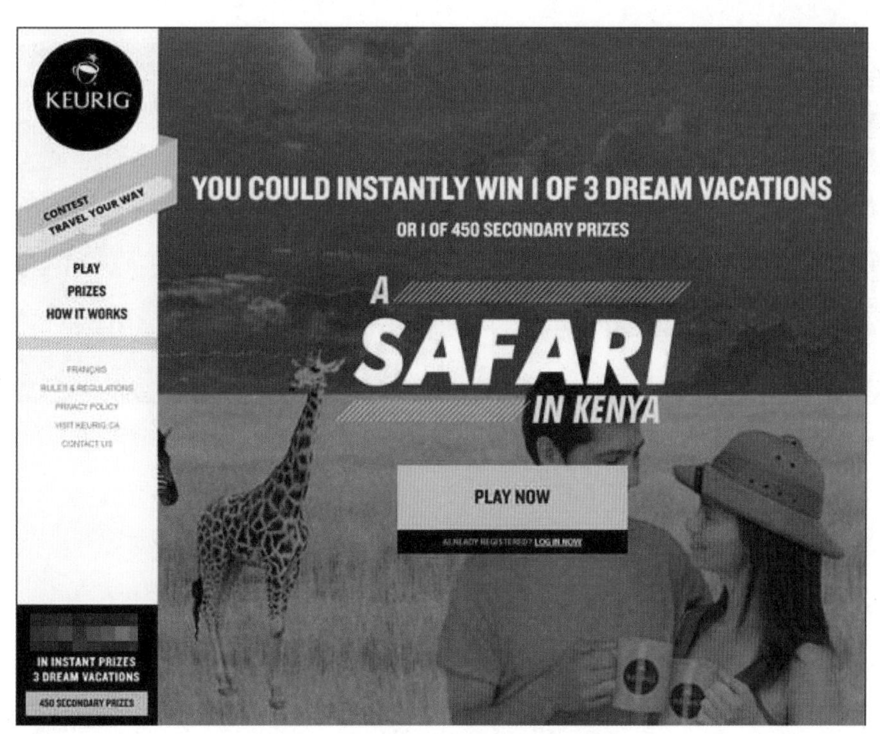


图2-12　用黄色做提醒色的网站界面

色彩的把控并不容易，大部分UI设计作品中都不会有过多的色彩存在，最多搭配三种颜色，否则就会太花哨。所以在进行UI设计时，需要谨慎地使用颜色，并且懂得平衡它们。UI设计师除了要掌握上面介绍的UI色彩设计的基本方法，也要掌握UI设计中的一些色彩设计技巧，它会给设计工作带来不一样的感觉。下面我们就一起来学习。

### 2. 色彩设计的基本技巧

（1）从摄影作品中提取颜色

大自然是最伟大的艺术家。我们在自然环境中所看到的色彩组合总是近乎完美。所以，UI设计师应该经常从大自然中借鉴灵感。下面来尝试从一幅摄影作品中来提取颜色。

①通过把图片存储成Web格式来提取颜色

在Photoshop中打开摄影图片，在“文件”菜单中选择“存储为Web所用格式”命令，弹出图2-13所示的“存储为Web所用格式”对话框。在“优化的文件格式”下拉列表中选择“GIF”格式，在“颜色”下拉列表中选择“8”。这时在颜色表中就会出现一组颜色，我们可以双击每一个色块，在弹出的拾色器中拾取其色值做成色块，如图2-14所示。此次拾取的这一组颜色虽然有八个色块，但其实只有三种色相，非常适合作为UI设计色彩搭配组合。

图2-13 “存储为Web所用格式”对话框

图2-14 从摄影作品中提取的颜色组合1

②通过马赛克滤镜来提取颜色

在Photoshop中打开摄影图片，在“文件”菜单中选择“滤镜”→“像素化”→“马赛克”命令，在弹出的“马赛克”对话框中设置单元格的大小为120方形，单击“确定”按钮，效果如图2-15所示。接下来就可以用吸管工具在图像中拾取一组适合UI设计色彩搭配的颜色，如图2-16所示。

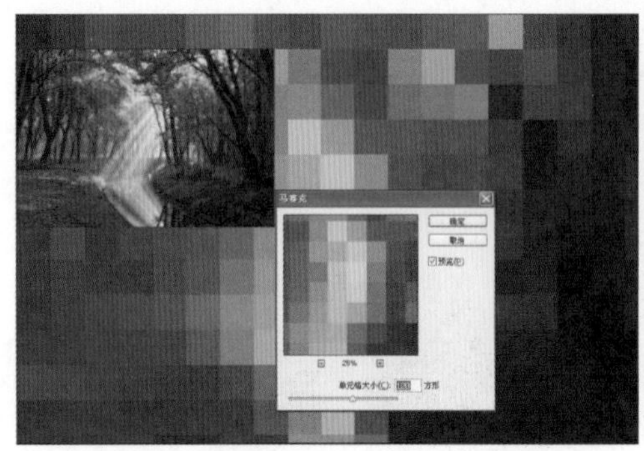

图2-15 原图和图片马赛克效果对比

图2-16 从摄影作品中提取的颜色组合2

（2）利用选色工具提取颜色

为了提高效率，在提取照片中的颜色时可以使用一些选色工具，如Coolors、Kuler、Designspiration等。这样可以节省大量时间，而且效果一点都不差。

总之，色彩搭配是需要不断练习的，尤其是想创造出让人惊艳的配色方案，就需要不断地摸索和尝试。

# 2.2 UI图形设计



UI设计离不开图形，图形在塑造风格、传递情感、打造品牌等方面起着非常重要的作用。图形不仅可以传递信息、展示产品的优点，而且可以传达品牌内涵，调动用户情感，甚至刺激用户购买等。图形既是UI设计的语言，又是视觉信息传达的媒介，是UI设计不可或缺的重要元素。

## 2.2.1 图形创意表现

图形创意是UI创意的核心。图形虽然重要，但如果只是给文字随便配图，或者是选择了不合适的图形，只会适得其反。如果想要达到良好的宣传效果，UI设计师就要巧妙地利用图形创意吸引用户。下面介绍在UI设计中常用的几种图形创意表现形式。

### 1. 夸张

夸张是对事物的特征进行强化与夸大。夸张常常用于表现某些情节，有形体比例的夸张，也有心理逆反的夸张。夸张可以使形象更加醒目，产生强烈的戏剧性效果，从而引发用户的关注。图2-17所示为两个音乐App界面。界面中人物的头部都表现得极度夸张，能够提高用户的关注度，也使用户能更快地融入音乐的意境。

图2-17　夸张风格的App界面

### 2. 幽默

将深刻的意义用诙谐、有趣的方式表现出来，这就是幽默。幽默是生活和艺术中的一种喜剧性元素。设计图形时，可抓住人或事物的某些特征，运用喜剧性的手法，营造一种耐人寻味，引人会心一笑的幽默意境，使用户更加放松，提高亲切感。图2-18所示的网站界面，利用交错的条纹和别具风格的图片，给人以一种诙谐的感觉，创意十足。

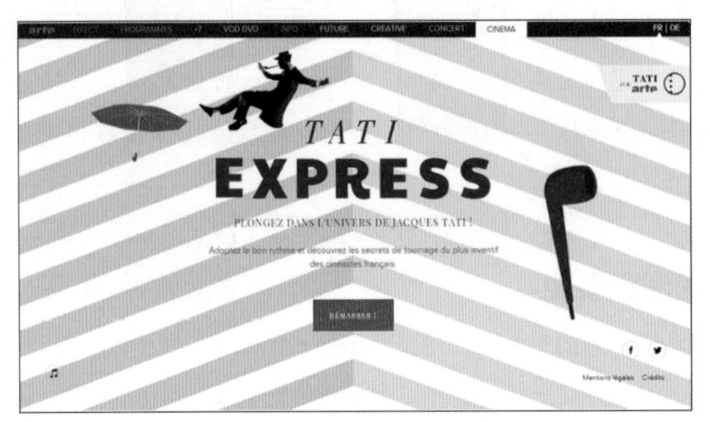


图2-18　幽默风格的网站界面

### 3. 寓意

寓意是指选择与诉求目标主题相符的物象，通过比喻和象征等手法来表现主题。这种方法适用于不易直接表达主题的情况。图2-19所示为社交网站界面，界面中一个人在奋力地推着一颗超大的爱心，象征着人与人之间的真情需要付出。

图2-19　寓意风格的网站界面

### 4. 情感

情感是指在UI图形设计中，利用图形以情托物或以物寄情，创作出内涵丰富、意境深远的作品，引发用户产生情感共鸣。图2-20所示的网站界面中，右侧的旅行箱充满质感，左侧的旅行箱立于旷野，充分抓住商务人士渴望探索世界，追求高品质生活的心理。

图2-20 情感风格的网站界面

### 5. 联想

联想是指在UI设计中通过使产品与有关联的物象产生联系来补充界面中没有直接表现的内容，用于突出产品的特征与特点。图2-21所示的网站界面，利用可爱的宠物营造温馨的氛围，让人联想到甜蜜的爱情，倾心的恋人。

图2-21 联想风格的网站界面

### 6. 卡通

卡通是指UI设计师可以随心所欲地发挥想象力、创造现实生活中不存在的事物或看不到的场景，充满童趣，使人感觉轻松。卡通设计不仅形象鲜明，而且有加强叙事和传情的效果。图2-22所示的网站界面，塑造了老鹰博士这一卡通形象，生动、活泼，寓意深刻。

图2-22　卡通风格的网站界面

## 7. 局部特写

相对于整体而言，局部特写更能吸引用户的视线，使用户集中注意力，从而引发用户的兴趣。图2-23所示为电商网站详情页界面。界面当中除展示服装整体样式外，还将精致的纽扣和衣袖用特写镜头展现给用户，造成视觉冲击，使产品更具吸引力。

图2-23　局部特写风格的详情页界面

## 8. 图形

方形的稳定、严肃，三角形的锐利，圆形或曲线的柔软、亲切，不规则图形的活泼，都能产生强烈的装饰感。图2-24所示为一个运动主题的网站界面。界面中巧妙地运用了方形和圆形，既具动感，又稳重、坚毅。图2-25所示为一个以旅游为主题的网站界面。界面中利用曲线对内容进行分割，活泼、新颖。

图2-24　图形风格的网站界面1

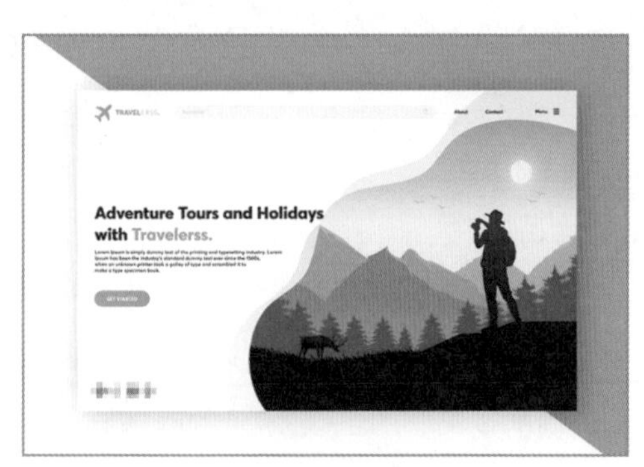


图2-25　图形风格的网站界面2

## 2.2.2 图形与空间

缺少层次感的UI图形设计会给人一种信息杂乱、画面单调的感觉，甚至会使人感到枯燥、乏味。那么怎样做才能使UI图形具有丰富的层次感和空间感呢？下面列举几种方法。

### 1. 丰富背景画面

当画面的主体不适合或不能占据太大的版面空间时，就会导致画面显得比较单调，添加一个合适的背景就可以解决这个问题。

（1）在背景中添加底纹

图2-26所示为电商网站中的商品促销图片。图片中把蓝天白云作为背景底纹，既丰富了画面内容，也增强了画面的层次感和空间感。

图2-26 电商网站中的商品促销图片1

（2）在背景中添加投影

图2-27所示为电商网站中的商品促销图片。图片中把放大的运动鞋投影添加到背景中，使原本显得单调的画面变得更有细节，增强了画面的层次感和空间感。

图2-27 电商网站中的商品促销图片2

### 2. 使用透视效果

当为平面的视觉元素赋予透视关系后，会使人产生一种类似三维空间的视觉感受，在一定程度上也能起到增强画面层次感的作用。图2-28所示电商网站中的商品促销图片就很好地利用了文字、图形的透视效果，并加以组合，使整体画面的空间感更强。

图2-28　电商网站中的商品促销图片3

### 3. 采用虚实结合

在图形中采用虚实结合的手法可增强画面的层次感、空间感，这种形式在UI设计中非常实用。图2-29所示电商网站中的服装展示图片，将背景中密密麻麻的人群做了模糊处理，通过弱化背景突出了主体人物，营造出一种由近到远的空间感，使画面看起来更加美观。

图2-29　电商网站中的服装展示图片

### 4. 制作创意图形

在UI设计时通过制作掀起的卷页、打开的窗户等创意图形，也能营造一种层次感和空间感。图2-30所示的卷页效果就加强了界面的层次感和空间感。

图2-30　应用卷页效果的网站界面

## 2.3 UI文字设计



文字是UI设计中的一个重要元素，文字的设计效果会极大影响产品的用户体验。想象一下，用户浏览UI时，如果界面中的文字都是同一种字体、同样的字号，甚至连颜色都是一样的。这样的文字设计，枯燥乏味，缺乏层次感，重点不突出，很有可能使用户丧失兴趣，转而使用其他产品。所以，文字对UI设计的重要性不言而喻。

### 2.3.1 文字设计规范

一些UI设计新手在刚开始做设计的时候，都是依据自己的喜好和感觉天马行空地进行设计，并没有设计规范的概念，导致设计出来的产品总是不尽人意。UI设计有约定俗成的文字设计规范，一般情况下在进行设计时应该遵循。但文字设计规范较为复杂，在这里仅以iPhone 6/7/8中的UI设计为例，简单讲一下常用的文字设计规范。

#### 1. 字号使用规范

在移动端App中，UI设计师常用的文字字号范围为20～42像素。除了这些常用的字号，在实际设计过程中还要看具体情况。如果文字较多，分级又较复杂，就会涉及多种字号的文字混排，也就更考验UI设计师对字号的运用能力。想获得更满意的效果就需要反复调试。一般上下级的文字字号相差2～4像素。

另外，需要注意的一点是，所有的文字字号都必须设置为偶数，因为在开发界面时，字号大小的换算是要除以二的。

接下来就结合表2-1和具体的实例来介绍常用的字号使用规范。

表2-1 字号使用规范

| 字号 | 使用说明 |
|---|---|
| 34（默认）～42像素 | 用于导航栏标题等 |
| 20～24像素 | 用于标签栏文字、说明性文字等 |
| 26～36像素 | 用于段落文字、辅助性文字等 |
| 32～34像素 | 用于列表、表单、按钮文字等 |

例如，图2-31和图2-32所示的微信通讯录界面和微信界面的导航栏标题字号为34像素，标签栏中的文字字号为20像素，列表文字字号为32像素，微信界面中的辅助性文字字号为22像素。

图2-31　微信通讯录界面

图2-32　微信界面

新闻类的App更注重文本阅读的舒适性。图2-33所示的新闻界面，正文标题文字字号为46像素，已经超出了正常字号使用规范，目的是引起人们的注意；正文段落文字字号为36像素，选用了段落文字使用规范中的最大字号，目的是便于人们阅读。该界面中的导航栏标题文字字号为34像素，辅助性文字（日期和时间）字号为26像素，都符合字号使用规范。所以，在特殊的情况下，在不影响界面统一性时，字号使用规范也可以稍做改变。

另外，为了拉开按钮的层次，同时加强按钮的引导性，按钮上的文字可选用稍大的字号。图2-34所示的电费缴费账单界面中，按钮上的文字字号为34像素。

图2-33　新闻界面

图2-34　电费缴费账单界面

### 2. 字体设计规范

在英文方面，苹果公司补充了新的San Francisco字体家族。该字体家族包括iOS和OS X设计的SF和为Watch OS设计的SF Compact。它们各自又分为Text和Display两个子字体系列，前者有6个字重，后者有9个字重（多了3个斜体），如图2-35所示。Text系列字体用于显示较小的字体，Display 系列字体用于显示较大的字体，而这也就是苹果公司所说的“视觉尺寸”。

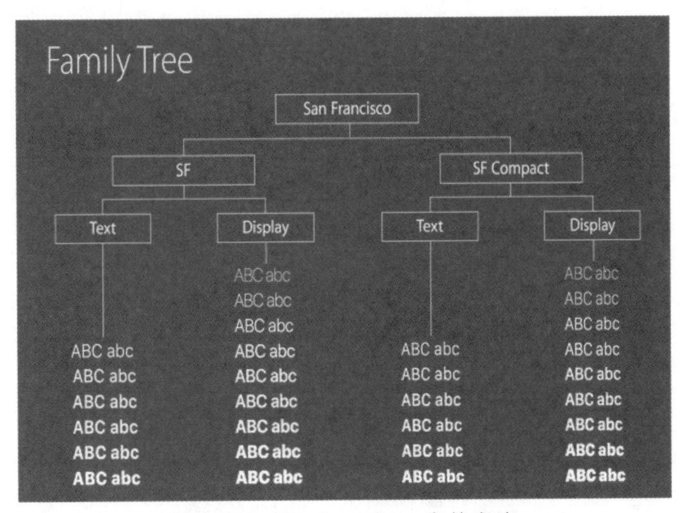


图2-35 San Francisco 字体家族

在中文方面，在iOS 9推出之前，UI设计师普遍采用华文黑体、思源黑体、兰亭黑等字体进行设计。在iOS 9中苹果公司推出了苹方字体（见图2-36），之后苹方字体被广泛应用于移动端设计中。因为苹方字体的字形更加优美，也更加清晰、易读。它拥有6个字重，分别是极细体、纤细体、细体、常规体、中粗体、粗体，能满足日常的设计和阅读需求。

果 果 果 果 果 果

图2-36 苹方字体

另外，就还原度来讲，如果想用一套设计稿同时适配Android操作系统和iOS，推荐使用苹方字体；如果仅用于iOS，则推荐使用苹方字体；如果仅用于Android操作系统，则推荐使用思源黑体。兰亭黑系列字体的字号偏大，会导致设计稿和还原效果差别较大，一般不建议使用。

### 3. 文字颜色设计规范

在一套文字设计规范里往往会给出一个品牌色、几个辅助色，以及黑、白、灰供设计师使用。下面针对产品的标题、正文、提示和交互类别的文字配色分别做简要说明。

（1）标题类

给标题类文字配色相对来说比较简单，一般会使用深灰色或企业标准色。但使用企业标准色要通过调整饱和度来区分不同的等级，所以一般不建议使用。

一般来说，主标题是用户进入一个界面第一眼就应该看到的文字，所以一般颜色要醒目，这样才能更好地吸引用户的注意力。通常层级越低的标题颜色越浅，但如果标题体系过于繁杂，仅从颜色的深浅已经无法让用户轻易识别，就可以用字号来帮助完成等级区分。事实上现在大多数产品都是通过字号的不同来完成等级区分的。

例如，在图2-37所示的阅读分类界面中，下面各层级标题文字和顶部标题文字的颜色就是按不同的灰度级来进行区分的。而在下一层级中又出现子层级时，如在“等级中英双语书”层级中又出现了下一层级，这时就按字号大小来区分标题。又如，在图2-38所示的微信聊天界面中，顶部标题文字和列表标题文字的颜色一致，也是按字号大小来区分层级的，而在列表中又按颜色的深浅来进行区分。

图2-37　阅读分类界面

图2-38　微信聊天界面

（2）正文类

正文类文字用于给用户提供详细说明，文字颜色一般要比标题类文字颜色浅一些，字号也会小一些。因为正文字数一般比较多，过于花哨的配色会使整个界面显得凌乱，造成主次不分。图2-39所示的图书内容推荐界面，正文的文字采用了浅灰色，比标题文字的颜色要浅一些。

另外，值得注意的是，在进行文字颜色设计时，一般很少用纯黑色，而是用深灰色和浅灰色来区分重要信息和次要信息，进行信息层级的划分。

（3）提示类

提示类文字的主要作用是给用户展示当前的状态，一般使用红色和绿色，比较突出。但如果提示类文字较多，也会采用其他颜色。图2-40所示的删除微信好友提示界面中的提示性文字就采用了红色。红色不但醒目，同时也能引起用户高度注意，以免操作失误。

图2-39　内容推荐界面

（4）交互类

交互类文字就是能够让用户完成点击操作的文字，设计颜色时的首要目标是让用户能识别出这些文字是可以点击的，一般使用蓝色较多。图2-41所示微信好友交互界面中的交互类文字就采用了蓝色，符合人们的认知习惯。

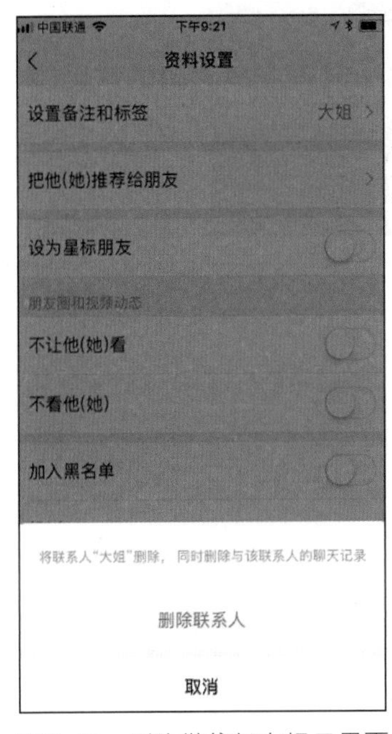

图2-40　删除微信好友提示界面

图2-41　微信好友交互界面

## 2.3.2 字体设计技巧

随着人们审美水平的不断提高，要求UI设计师在进行文字设计时，不能再千篇一律地使用标准字体，而应该打破常规，根据用户不同的需求对字体进行个性化设计。接下来我们就一起来学习UI设计中的字体设计技巧。

### 1. 基本字体设计技巧

（1）避免同一界面使用过多的字体

在同一界面中使用过多的字体会让内容显得混乱，重点不够清晰，让用户的阅读体验大打折扣。

图2-42所示为电商网站产品界面。界面中使用了4种字体，4种文字颜色，同时还应用了斜体字，且每段的行间距也不同。这就造成重点不够突出的后果，给用户带来较差的阅读体验。

图2-42　电商网站详情页界面

（2）字体设计要有层级感

在UI设计中，文字不仅可以起到解读、引导的作用，而且能起到平衡版面的作用。每一个界面都需要有自己的视觉中心和主要展示内容，层级感高的字体设计可以使界面更加精简，用户操作起来也会感到更加流畅、简洁。

首先，在字体的大小和粗细上，可以按照文字内容的主次来分类。对各层级文字进行规范设计，不但可以增加界面的层级感，同时也增加了界面中文字内容的易读性。

其次，文字的层级感也体现在字间距与行间距上，不同的字间距和行间距也会给用户带来不同的视觉感受。

最后，文字的层级感还体现在文字的颜色上，同一层级的文字颜色要统一。

图2-43所示的基金网站界面，UI设计师把用户可能会关注的内容都进行了划分，并对字体的大小、粗细、字间距和行间距进行了精心设计，使文字的层级感突出，可以帮助不同需求的用户直接找到特定的版块。

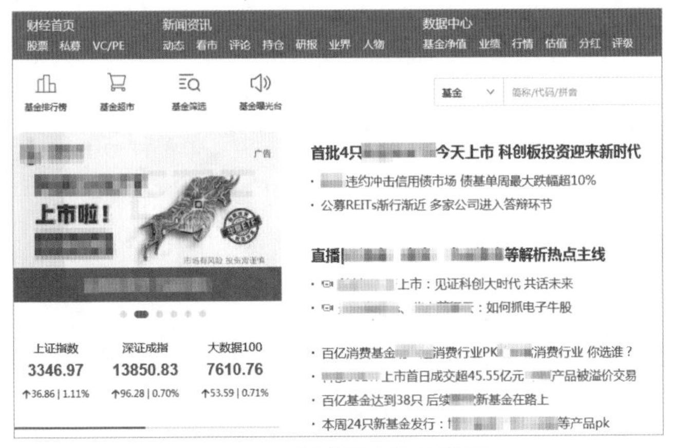

图2-43　新浪基金网站界面

（3）字体设计宜动静结合

字体的动静结合在UI设计中的应用也比较广泛，可以是正常字体和倾斜字体的结合，富有个性的字体和形态差距大的字体的结合，也可以是旋转字体与其他正常字体的结合等。字体动静结合，一般在跟儿童有关的界面中比较常见，有时也会出现在一些运动类界面当中。

图2-44所示为儿童节专题界面。界面当中的文字“快乐嗨翻天　作文轻松写”，选择了比较可爱的字体，且这10个字在高低、方向上的变化也产生了动态效果，与界面中的其他文字动静结合，既能吸引儿童的注意，又能很好地突出界面主题。

图2-44　儿童节专题界面

## 2. 字体图形化设计技巧

在进行UI设计时，将文字图形化、意象化，既能克服界面的单调与平淡，打动人心，又能以更富创意的形式表达出深层的设计思想，从而实现设计目标。接下来我们就来学习字体图形化设计的6种技巧。

（1）运用字体变形

字体变形就是对文字在基础字体上做变形处理。在做变形处理时需要了解文字的笔画结构走势以及其综合体现出来的“气质”“感觉”。

在图2-45所示的绘画网站界面中，就对文字“带你用插画温暖世界”进行了字体变形处理：将线条变得更加倾斜、尖锐，强调积极向上的理念；文字间线条的互相连接营造出团结、和谐的氛围。

图2-45　绘画网站界面

（2）运用字形组合

字形组合就是将抽象的文字与具象的图形结合在一起，使用户能更加快速地理解产品要传达的主题。在设计当中最重要的是找到文字与图形之间的关联性。

在图2-46所示的加载界面中，每一个字母都进行了字形组合，幽默的风格很好地传达了产品的主题，营造了轻松的氛围，同时也抓住了用户的注意力，引导用户继续浏览。

图2-46 加载界面

（3）运用手写字体

手写字体在文字设计中非常受欢迎，原笔迹的手写体总给人一种亲切的感觉。而且手写的字体每一笔都不可复制，每一画都独有韵味。

在图2-47所示的玩具网站界面中，运用手写字体进行设计，给人一种很随意、很亲切的感觉，带给人一种轻松、愉快的心理感受。这样的设计与网站主题十分贴切，玩具本身就是要带给人一种放松、愉悦的精神享受。

图2-47 玩具网站界面

（4）运用3D字体

3D字体设计，即将文字立体化，用于营造层次感和空间感。在设计时最重要的是掌握立体文字光影的变化及形体的透视。

图2-48所示为两个含有3D文字的网站界面。上图界面中的3D文字，主要是对“FG”两个字母运用形体的透视，再结合背景营造出一种空间感；下图界面中的3D文字，主要是运用平面3D命令制作出字母形体的透视效果，在这一组文字上，光影和色彩的运用恰到好处。

（5）运用错落摆放法

错落摆放法就是将多个文字错开摆放，如一边高、一边低等，使文字排列看上去错落有致，更有视觉冲击力。

图2-49所示为两个UI闪屏界面。两个界面中的文字都运用了错落摆放法，提高了视觉冲击力。

图2-48 含有3D文字的两个网站界面

图2-49 UI闪屏界面

（6）运用替代法

替代法是指在统一形态的文字元素中加入另类的图形元素或文字元素。其本质是根据文字要表达的意思，用某一形象替代文字的某个部分或某一笔画，这些形象或写实或夸张。将文字的局部替换，使文字的内涵外露，增加一定的艺术感染力。

图2-50所示为童书网站界面。界面中的“智”“星”两个字的一部分分别用两只眼睛形象和一个五角星形象来替代，不但艺术感增强，同时也增加了趣味性，使界面充满童趣。

图2-50 童书网站界面

其实字体图形化设计的技巧还有很多，如字体方正法、字体“断肢法”等，这里未全部介绍，只介绍了上面几种常用的方法，其他技巧大家可以自行学习。

另外，在进行字体图形化设计时，要注意文字的可读性，不要过分追求华丽，以免喧宾夺主，应该认真推敲字体的变化，还要注意保持字体的统一性，不要太过杂乱。

# 2.4 单元小结

在本单元中，详细介绍了UI色彩设计、UI图形设计和UI文字设计的相关知识，对色彩的设计原则、设计方案，图形创意表现、图形与空间，文字的设计规范、字体设计技巧等进行了全面、细致的阐述，并结合相关案例进行分析、讲解。但设计重在实践，大家还是要通过大量的练习才能逐渐熟悉并掌握UI色彩、图形和文字设计的方法和技巧。

# 2.5 课后习题

请运用本单元所学的知识完成以下任务。

1．图2-51所示为新年商品打折界面，整个界面采用了对比度很强、纯度很高的颜色，设计简约、时尚。请运用本单元学过的色彩设计知识重新设计该界面的颜色搭配。

要求：色彩搭配合理，符合新年的节日气氛，整体画面和谐、统一。

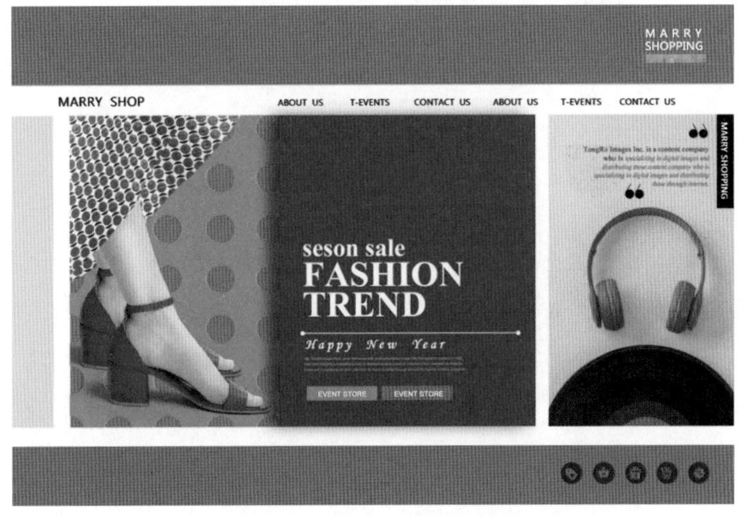


图2-51　新年商品打折界面

2．图2-52所示为电商网站界面，整个界面以红色为主色，有一种温暖的感觉。下面请运用本单元学习过的字体图形化设计知识对黄线框内的文字重新进行设计。

要求：

（1）以更富创意的形式表达出深层的设计思想；

（2）注意文字的可阅读性，不要过分追求华丽。

图2-52　电商网站界面

3．图2-53所示为儿童绘本App界面，请运用本单元学习过的图形与空间的知识对图2-54所示界面的背景重新进行设计。

要求：适当丰富背景画面，使界面更具层次感和空间感，但不要使界面太过杂乱。

图2-53　儿童绘本App界面1

图2-54　儿童绘本App界面2

# 03 第三单元 移动端UI设计

- 图标设计
- 界面设计
- 交互设计

移动端UI设计是指手机端、Pad端的UI设计。移动端UI设计和传统的平面设计、网页设计有所区别，有其独有的设计规范和约束。简单来说，移动端UI设计就是通过图标设计、界面设计、交互设计，设计出满足用户需求、体验友好、简洁美观的用户界面。

# 3.1 图标设计

图标，指具有高度浓缩、能快捷传达信息、便于记忆等特点的图形，通常是一组。在手机、Pad、智能手表等数字显示设备的UI中，我们会发现大量的图标（见图3-1）。这些图标比文字描述更加直观，而且极大地提高了移动端设备界面的美观性。

图3-1　图标设计

界面中的每个图标都代表相应的操作，所以，图标设计最重要的原则就是要让初次使用的用户能够一看就懂，避免产生误导性、歧义性。除了App的启动图标，手机主题中的图标、App界面中的图标都是成组出现的。一组图标在设计时应该风格统一，同时还要注重图标之间的差异性。

所谓风格统一，是指图标的视觉设计协调统一、选用元素的出处一致等；所谓差异性，是指同一组图标除了有共性的特征，还要易于识别、个性突出。图3-2所示的两组图标就充分体现了图标设计的统一性和差异性原则。

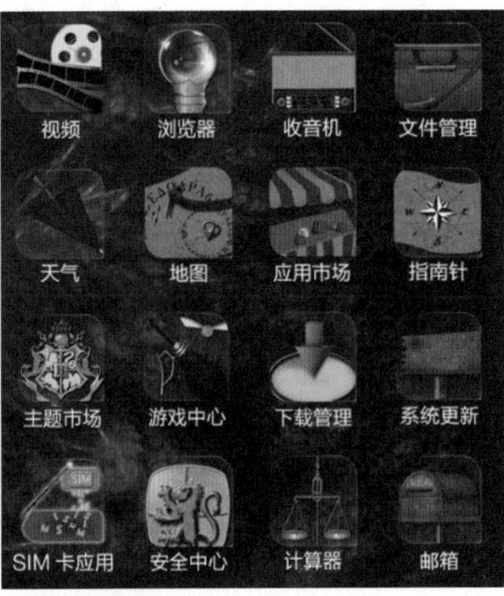


图3-2　统一性和差异性兼顾

设计一组图标，一般应遵循“确定图标风格—绘制草图—制作计算机稿—制作系统界面”的流程。

（1）设计图标之前，要确定好图标的风格，是平面的，还是立体的？是古典的，还是现代的？是写实的，还是卡通的？是有框的，还是无框的……确定风格后，可以通过手绘来整理思路，进行创意实现。图3-3所示为用素描的方法表现出图标的造型、结构、透视和明暗关系。

图3-3　用素描进行创意实现

（2）草图绘制完成后，可将草图扫描或拍照，利用Photoshop或Illustrator，对图标进行处理，完成计算机稿的制作。

（3）完成图标的计算机稿之后，可以设计、制作与之风格一致的主界面、锁屏界面等系统界面，如图3-4所示。

图3-4　设计主界面与锁屏界面

在移动端的UI设计中，图标大致分为两种，一种是主题图标（见图3-5左图），另一种是App图标（见图3-5右图）。

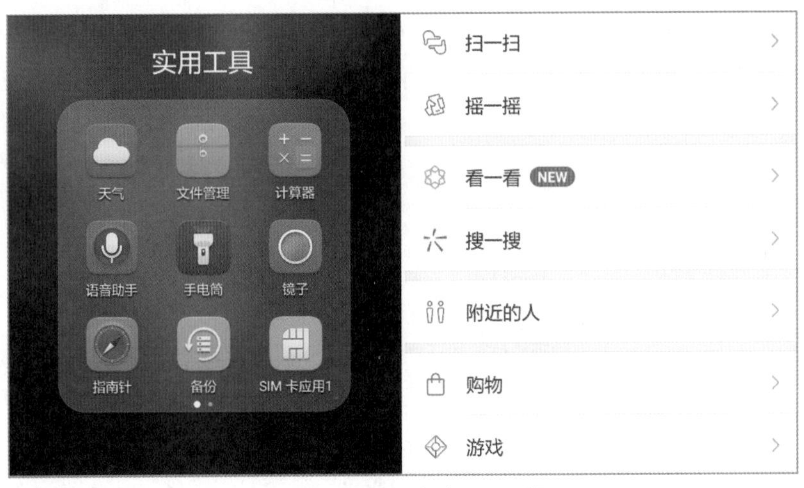


图3-5　主题图标和App图标

### 3.1.1　主题图标设计

我们常说的主题其实相当于一个程序包，如果更换主题，可能同时更换系统图标、壁纸、屏保、开机动画、关机动画、铃声等。主题图标的常见风格有二维、三维、线性、块状、扁平、拟物等，如图3-6所示。

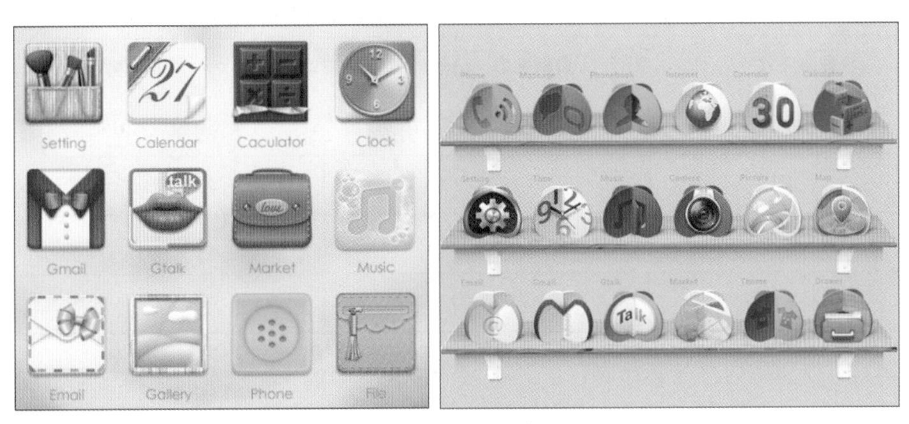


图3-6　主题图标

主题图标的设计强调创意，一般应根据一个统一的主题风格，找到与图标相关联的元素进行设计。例如，要设计一套和学校生活相关的主题图标，那么书包、课本、笔、黑板、足球等学校中常见的事物就可以作为设计的元素。

在设计时要注重图标的可识别性和差异性，除了要符合图标的设计原则、设计流程，还要注重图标设计的规范性。

对于国内移动端用户来说，主要使用iOS和Android两种操作系统。因为两种操作系统的软件开发工具不同、平台不同，所以图标的大小、命名规范也不相同。

一般iOS图标的命名形式为“Icon@1×.png”“Icon@2×.png”“Icon@3×.png”。其中“@1×”“@2×”“@3×”可以简单地理解为倍数关系。iOS图标的命名规范可参考表3-1。

表3-1 iOS图标的命名规范

| 后缀 | 适用机型 | 屏幕密度（分辨率） | 图标尺寸 |
| --- | --- | --- | --- |
| @1× | iPhone1～3G | 320像素×480像素 | |
| @2× | iPhone4～8 | 640像素×960像素（iPhone 4），<br>640像素×1136像素（iPhone 5），<br>750像素×1334像素（iPhone 6/7/8） | 120像素×120像素（App），<br>1024像素×1024像素（App Store） |
| @3× | iPhone X/11 Plus/iPad | 1125像素×2436像素（iPhone X），<br>1242像素×2208像素 | 180像素×180像素（App），<br>1024像素×1024像素（App Store） |

使用Android操作系统的设备众多，屏幕的参数多样化，设计图标时需要考虑屏幕密度和图标尺寸的问题。为了简化设计并且兼容更多手机，设计Android操作系统图标时可依照屏幕尺寸和屏幕密度进行区分。Android操作系统的屏幕尺寸和屏幕密度如表3-2所示。

表3-2 Android操作系统的屏幕尺寸和屏幕密度

| 屏幕尺寸 | 屏幕密度（分辨率） | 图标尺寸 |
| --- | --- | --- |
| 小 | 低（120点/英寸） | 36像素×36像素 |
| 正常 | 中（160点/英寸 | 48像素×48像素 |
| 大 | 高（240点/英寸） | 72像素×72像素 |
| 特大 | 超高（320点/英寸） | 96像素×96像素 |

在设计Android操作系统图标时，可以为表3-2中的4种常见的屏幕密度各设计一套独立的图标，把它们储存在特定的资源目录下。当运行App时，平台会检查设备屏幕的特性，从而加载特定资源目录下相应的图标。图3-7所示为同一款图标在不同屏幕密度下的尺寸区别。

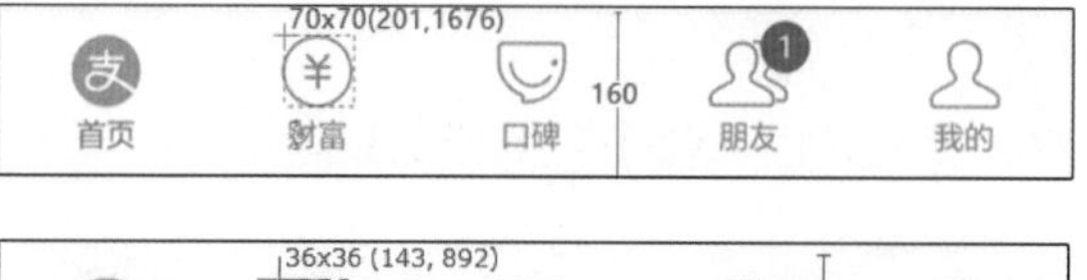


图3-7 不同屏幕密度图标尺寸的区别

### 3.1.2 App图标设计

App图标（见图3-8）一般会出现在App界面的导航栏、菜单、功能分类等处。App图标是UI设计的一个重要部分，它们可以通过颜色、形状等视觉元素美化界面，也可以让用户更直观地区分不同的功能。

App图标以线性图标为主，其线条、纹理都较为简单。出现在同一功能区域的图标，要有共性，如线条粗细、角度大小、上色方法等要一致，不需要刻画太多细节，要提炼出最易识别的部分构成图标的形状。在图3-8所示的App界面中，相同功能区域内图标的设计、表现手法都是一致的。

图3-8　App图标

### 3.1.3 项目实战——“中古印象”主题图标设计

本小节将结合前面所学的理论知识，完成一套主题图标和系统界面的设计与制作，加深大家对图标设计方法和流程的理解。

#### 1. 确定设计风格

本项目要设计制作一套欧洲中古风格的主题图标。设计背景如图3-9所示，从背景中提炼与主题图标含义相契合的元素，融入设计，完成图标的设计与制作。

图3-9　设计背景

### 2. 绘制草图

在确定了主题图标风格后，进入绘制草图阶段，这是将设计思想具象化的必要过程。在这个过程中，应发挥想象，充分挖掘特定历史背景中各元素的特点，将其与各图标的含义联系到一起。

比如，可从背景中选取中古记事本的原型，配合罗马字体的“N”（取自“Name”单词的首写字母），经过艺术性的处理，设计成“联系人”图标，如图3-10和图3-11所示。又如，可利用背景中调色板的特性，设计“主题”图标的手绘效果，如图3-12所示。

图3-10 设计元素

图3-11 图标手绘效果

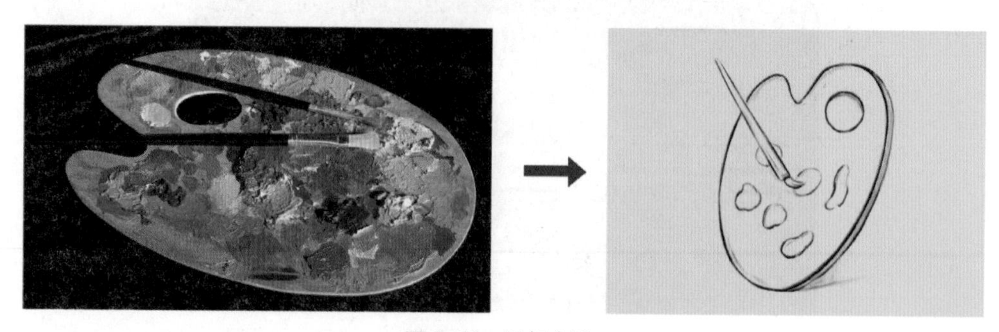

图3-12 图标创意

按照这样的设计方法，可以设计出包括电话、短信、联系人、图库、收音机、音乐、视频、时钟、日历、指南针、天气、计算器、地图、电子邮件、主题市场、应用市场、系统更新、游戏中心、安全中心、文件管理、下载管理、SIM卡应用等在内的主题图标手绘效果，如图3-13所示。

图3-13 手绘图标效果

### 3. 制作计算机稿

在手绘草图的基础上，可以使用Photoshop、Illustrator等软件制作图标的计算机稿。对于形状不规划的图标，通常采用的方法是将手绘的草图拍成照片，再利用Photoshop、Illustrator进行描边、上色等操作（需要添加阴影、浮雕等特效的图标，一般会选择Photoshop；以绘制为主的图标，选择Illustrator比较适合）。

下面以制作图3-14所示的“主题”图标为例，介绍在Photoshop中制作图标的过程。

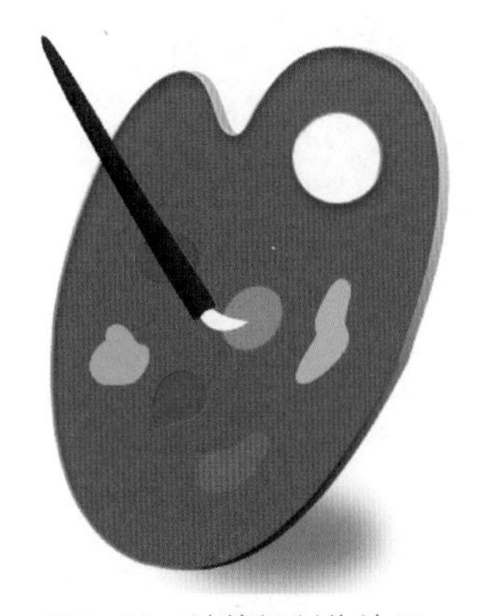

图3-14 计算机制作效果

制作计算机稿1

制作计算机稿2

制作计算机稿3

①打开Photoshop，新建文件，文件的大小为400像素×400像素，RGB模式。

②打开拍摄的“主题”图标的手绘草图照片，拖曳到新建的文件当中，如图3-15所示。将该图层的混合模式改成正片叠底。

③在草图图层的下方新建图层，使用钢笔工具对草图进行描边，并填充颜色（R：158，G：95，B：15），如图3-16所示。

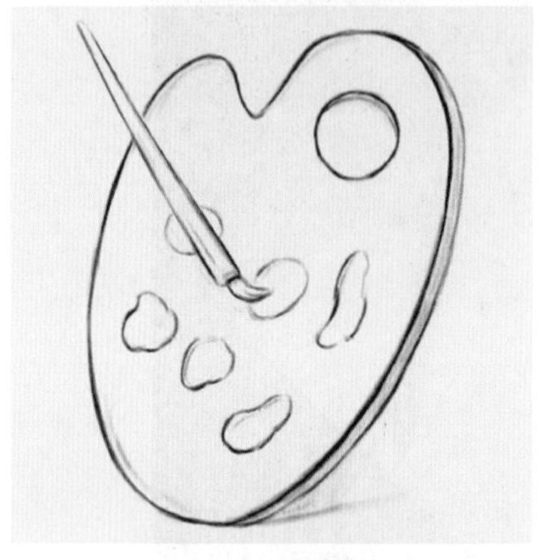

图3-15　导入草图

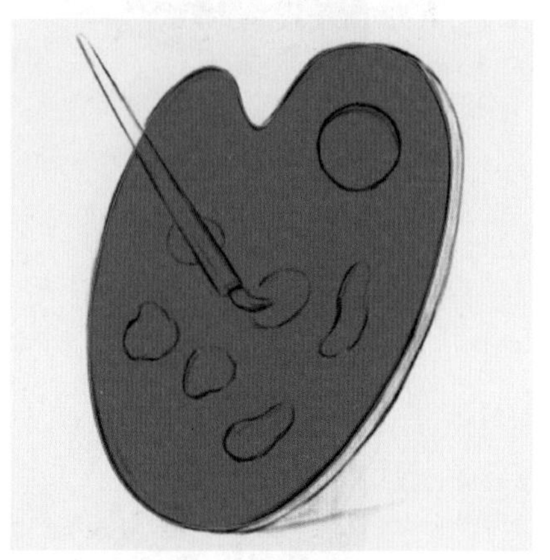

图3-16　描边并填色

④为该图层添加斜面和浮雕、内阴影的图层样式，如图3-17所示，使其具有立体的效果。再利用步骤③中描绘的路径，填充渐变效果，模拟调色板的厚度，如图3-18所示。

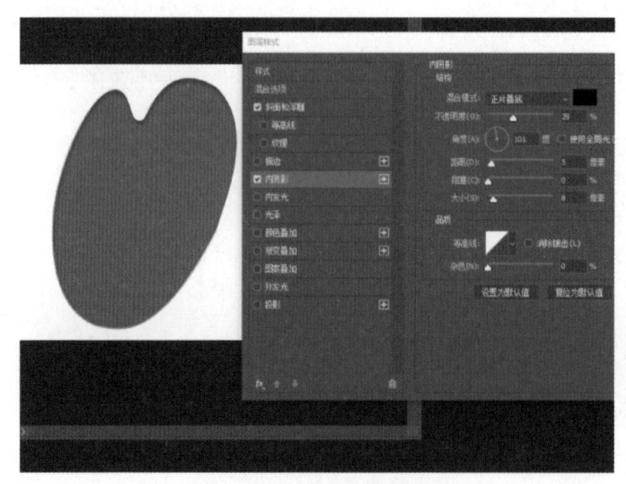

图3-17　添加图层样式

图3-18　添加渐变

⑤使用钢笔工具描绘色块部分，分别填充不同的颜色，如图3-19所示。

⑥再利用同样的方法绘制画笔，笔杆处填充渐变表现出立体效果，完成制作如图3-20所示。

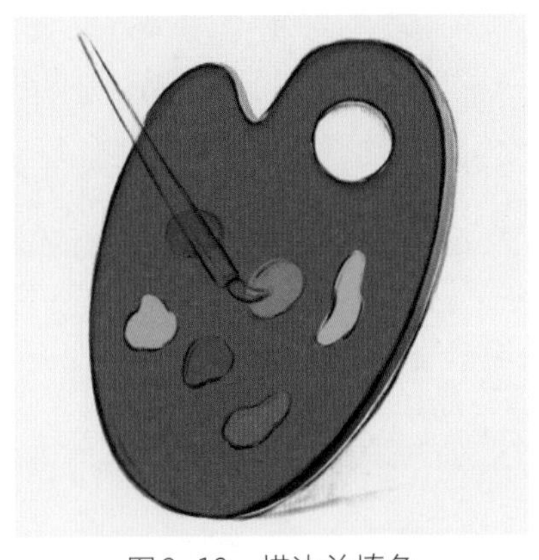

图3-19 描边并填色

图3-20 完成制作

⑦按照上面的方法，制作所有图标的计算机稿，最终效果如图3-21所示。

图3-21 计算机制作效果

### 4. 制作系统界面

手机主题除了图标，还包括与图标风格一致的系统界面，如系统的主界面、锁屏界面、解锁界面、短信界面、联系人界面等。下面以小米V5操作系统的各参数为例，介绍利用Photoshop制作手机系统界面的过程。

①手机的桌面壁纸尺寸为1440像素×1280像素，分辨率为72像素/英寸。为了与图标的风格一致，在制作壁纸时，选用的设计元素也应与欧洲中古风格相关，如图3-22所示。

图 3-22　壁纸

制作系统界面 1

制作系统界面 2

制作系统界面 3

②状态栏的高度为 30 像素，在其中添加各控件的图标，包括信号、电池电量等控件，如图 3-23 所示。

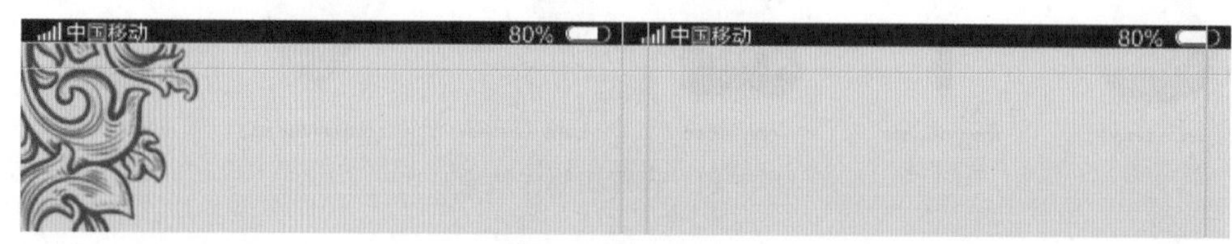


图 3-23　状态栏

③主界面上的图标大小为 136 像素 ×136 像素，每个图标下方都会有文字说明，文字的字体可以设置为“方正蓝亭黑”或“微软雅黑”，文字的大小可以设置为 21 像素或 27 像素。为了使主界面的搭建标准、规范，建议使用参考线来进行对齐。接下来再添加时钟、日历等控件，即可完成主界面的制作，如图 3-24 所示。

④用同样的方法完成锁屏界面、音乐锁屏界面等界面的制作，如图 3-25 和图 3-26 所示。

图3-24 主界面

图3-25 锁屏界面

图3-26 音乐锁屏界面

# 3.2 界面设计

界面是用户与系统、App进行交互的窗口。用户通过界面对移动端系统发送指令，系统通过界面展示响应效果，这样就完成了用户需要实现的功能，如图3-27所示。

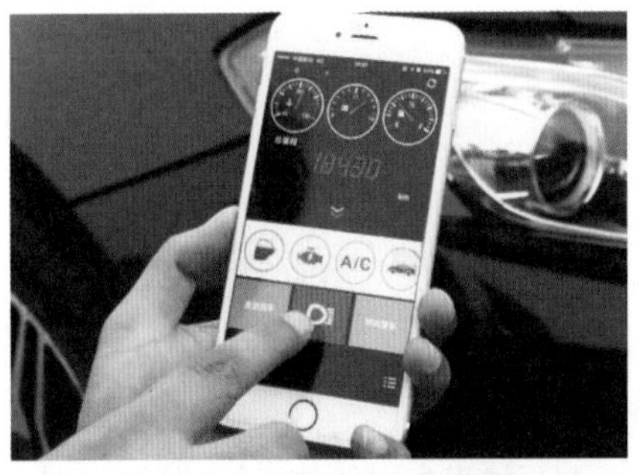
图3-27 移动端用户界面

因此，界面设计既要符合系统规范，又要考虑用户体验。为用户提供可行的、操作简便易懂的界面才是设计的最终目的。

App中的界面通常分为典型界面和特殊界面。典型界面一般包括主界面、详情界面（编辑、查看界面）和弹窗界面等，如图3-28所示；特殊界面一般包括启动页、登录注册界面等，如图3-29所示。

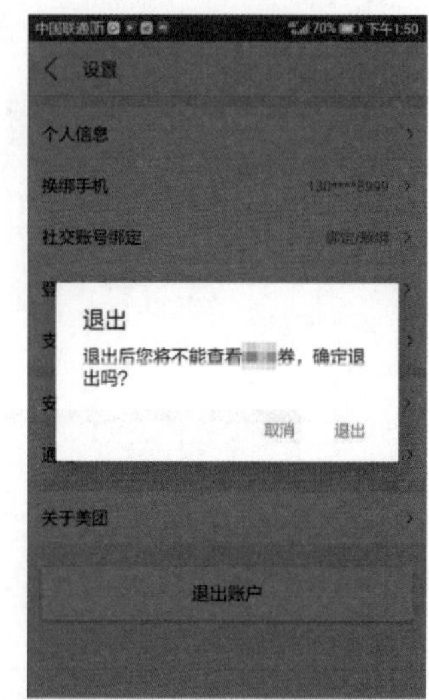


图3-28　典型界面

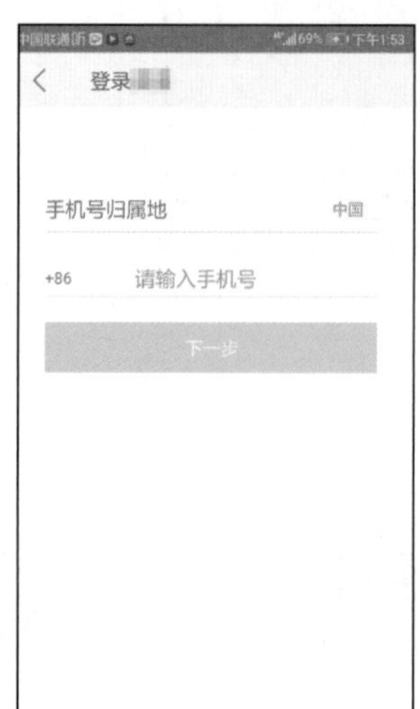


图3-29　特殊界面

移动端App的界面设计是一项需要用到不同学科的复杂工程，设计师要研究用户的心理需求、使用习惯，要掌握必要的设计、制作软件，要有一定的美学鉴赏基础等。在设计过程中，界面的布局设计和颜色设计又是重中之重。下面以手机App的界面设计为例，介绍布局设计和颜色设计。

### 3.2.1　布局设计

手机App的界面，一般由状态栏、标题栏、内容区域和标签栏四部分构成，如图3–30所示。

因为iOS操作系统和Android操作系统的设计规范有区别，所以界面各构成部分的尺寸也应依据手机操作系统的特性有相应的变化。iOS操作系统界面设计规范如表3–3所示，Android操作系统界面通用布局如表3–4所示。

图3–30　某手机App的界面构成

表3–3　iOS界面设计规范

| 适用机型 | 分辨率 | 状态栏高度 | 标题栏高度 | 标签栏高度 |
|---|---|---|---|---|
| iPhone X/11 | 1125像素×2436像素 | 132像素 | 132像素 | 147像素 |
| iPhone 6/7/8 | 750像素×1334像素 | 40像素 | 88像素 | 98像素 |
| iPhone 5/5C/5S | 640像素×1136像素 | 40像素 | 88像素 | 98像素 |
| iPhone 4/4S | 640像素×960像素 | 40像素 | 88像素 | 98像素 |

表3–4　Android操作系统界面通用布局

| 高度 | | | 图标尺寸 | | |
|---|---|---|---|---|---|
| 状态栏 | 标题栏 | 标签栏 | 标签栏 | 工具图标 | 小图标 |
| 36像素 | 64像素 | 74像素 | 32像素×32像素 | 48像素×48像素 | 16像素×16像素 |

在界面设计中，内容区域的布局好坏是设计成败的关键。内容区域是由文字、图形或表格构成的，设计时应将它们合理地分布、排列，使界面简洁、主题突出、信息层次分明。布局设计有很多原理，如黄金分割原理、栅格化布局原理，还有在界面设计中广泛应用的格式塔原理。格式塔原理中的接近法则（见图3–31）、相似法则（见图3–32）、封闭法则（见图3–33）、主体与背景的关系（见图3–34）等，都是在界面设计中常用的、易用的布局法则。

接近法则：

互相靠近的元素属于同一组，而那些距离较远的则不属于同一组。

图 3-31　接近法则

相似法则：

根据界面中元素的形状、大小、颜色、亮点等，将视线内一些相似的元素组成一组。

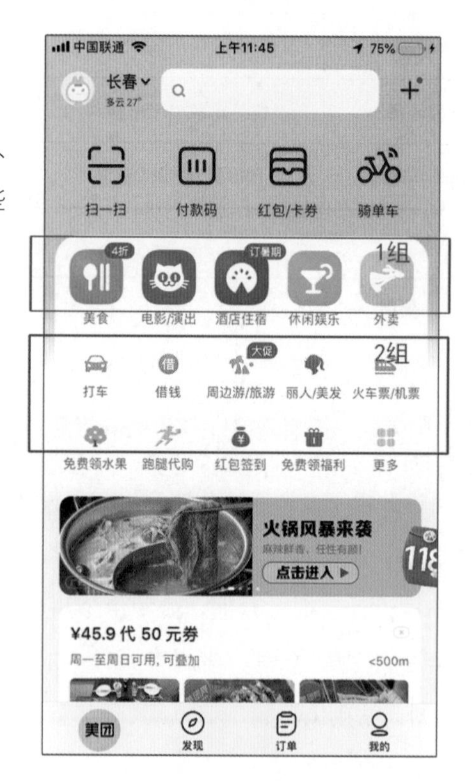


图 3-32　相似法则

封闭法则：

在看一个物体的时候，会更趋近于把它当作一个整体，而不是单个部分。

图3-33　封闭法则

主体与背景的关系：

把小的、突出的那个看成是背景之上的主体。

图3-34　主体与背景的关系

除了参考这些布局法则，还要根据界面所要实现的功能来选择布局方式。常见的布局方式有九宫格式、列表式、手风琴式、侧滑式、混合式等。

### 1. 九宫格式

如果界面要实现的功能较多，为了便于用户快速查看和选择，通常会选用九宫格式布局（见图3-35）。

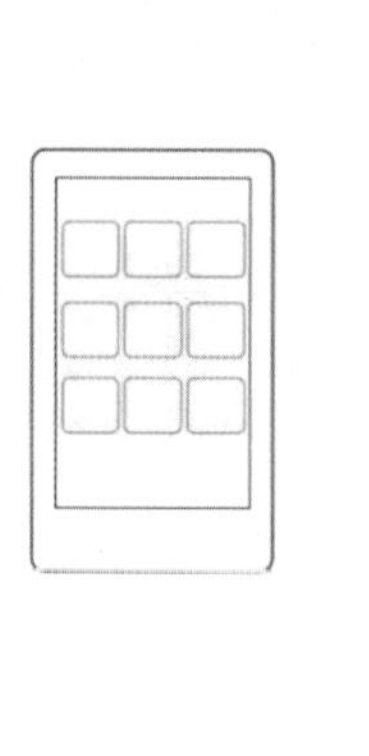

图3-35 九宫格式布局

### 2. 列表式

如果界面上呈现的是目录、分类等并列元素，通常会选用列表式布局（见图3-36），可以使界面整齐、美观，用户可以快速找到想要找到的内容。

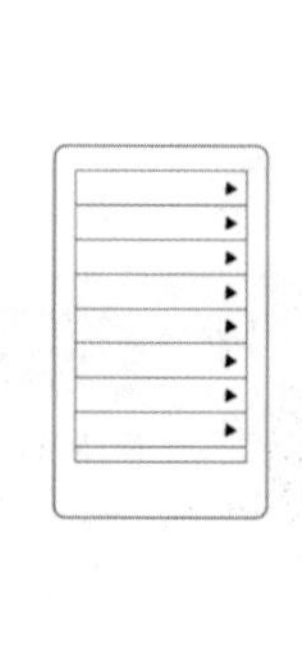

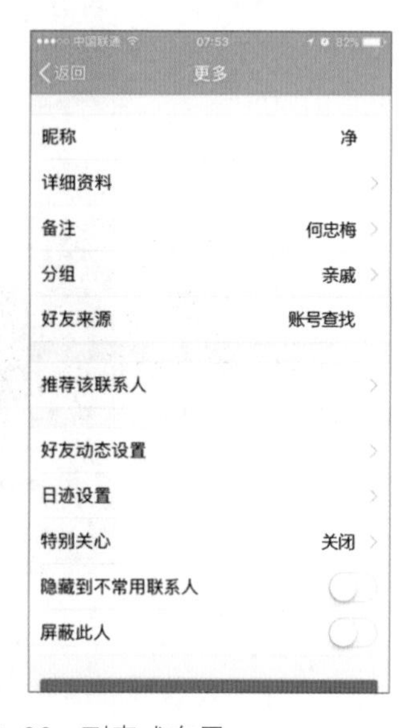


图3-36 列表式布局

### 3. 手风琴式

如果想在列表式布局的基础上，能在一屏界面内显示二级内容或更多细节，就可以选用手风琴式布局（见图3-37），提高操作效率。

图3-37　手风琴式布局

### 4. 侧滑式

如果界面中的内容较多，可以先将部分内容隐藏于界面边缘，需要时再展开，这时就可以选用侧滑式布局（见图3-38），使交互体验更加自然。

图3-38　侧滑式布局

### 5. 混合式

如果界面中的内容分类较多，不便管理，可以选用混合式布局（见图3-39），通过形状对功能进行分组，使界面的形式更活泼。

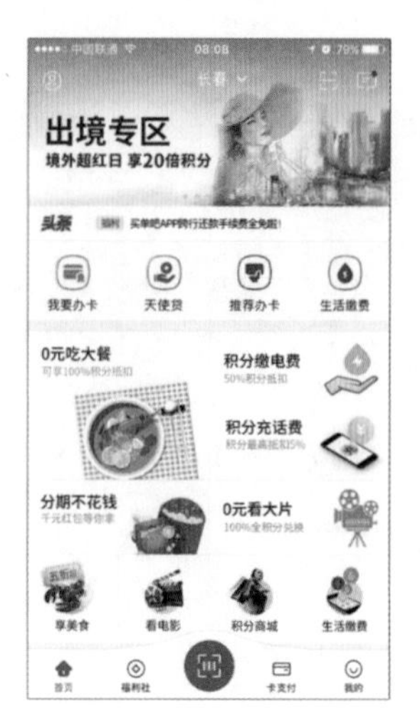


图3-39　混合式布局

## 3.2.2　颜色设计

心理学家认为，人对事物的第一感知是通过视觉完成的，而对视觉影响最大的就是色彩。颜色可以影响人的情绪，甚至影响人的行为，所以颜色设计在界面设计中非常重要。在进行颜色搭配时，UI设计师需要掌握色彩的基本原理，如对冷色、暖色、对比色、邻近色的运用等。下面介绍一些常用于颜色设计的简单、实用的方法。

### 1．选择统一的色相

选择统一的色相是指在一个界面中，只选择一种色相，根据信息层级的需要调整亮度、饱和度，且除了该色相，一般只搭配黑色、白色和灰色，如图3-40所示。

图3-40　选择统一的色相

### 2. 选择统一的亮度、饱和度

这种颜色搭配方式是指在同一界面中，色相可以选择多种，但是颜色的亮度、饱和度统一，这样可以使界面效果和谐、统一，如图3-41所示。

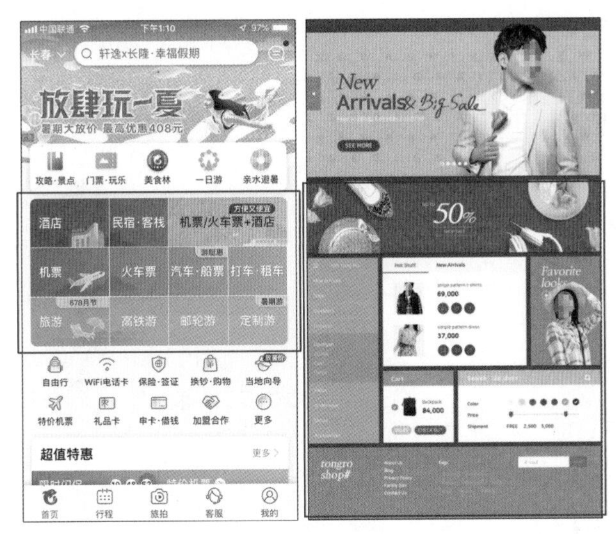


图3-41　选择统一的亮度、饱和度

### 3. 从图片中吸取颜色

在进行颜色设计时，从自己认为好看的图片中吸取颜色来构建色盘，也是不错的选择。比如在图3-42所示的图片中，可以从图片中吸取主要的色相，经过筛选，确定界面主题层（界面的主色）、辅助层（对主色进行补充的颜色）、提醒层（用于快速引起用户注意的颜色）的颜色，形成界面的颜色设计方案。最终效果如图3-43所示。

图3-42　从图片中吸取颜色

图3-43　运用从图片中吸取的颜色设计的界面

## 3.2.3 项目实战——“迪拜之旅”微信小程序界面设计

本小节将结合前面所学的理论知识，完成一款微信小程序界面的设计、制作，加深大家对界面设计方法和流程的理解。

### 1. 确定设计风格

本项目设计、制作的是一款旅游微信小程序。该小程序主要向用户介绍迪拜的景点、美食、购物等旅游详情，也为用户提供预订机票、酒店、导游等服务。

本项目使用Photoshop制作，基于iPhone 6/7/8适用的分辨率进行设计，即界面尺寸为750像素×1334像素。界面的主题层颜色、辅助层颜色、提醒层颜色的设置如图3-44所示。

主题层颜色：#4687a1

辅助层颜色：#5445a1 #a17345 #9745a1

提醒层颜色：#cf0808

图3-44 颜色设置

### 2. 制作主界面

①打开Photoshop，新建文件，大小为750像素×1334像素。首先对界面进行布局。可以使用矩形工具的“固定大小”样式，通过调整各元素宽度、高度的数值创建选区辅助布局。用参考线标出界面中的状态栏（高为40像素）、标题栏（高为88像素）、标签栏（高为98像素），左右两侧距边缘22像素，如图3-45所示。

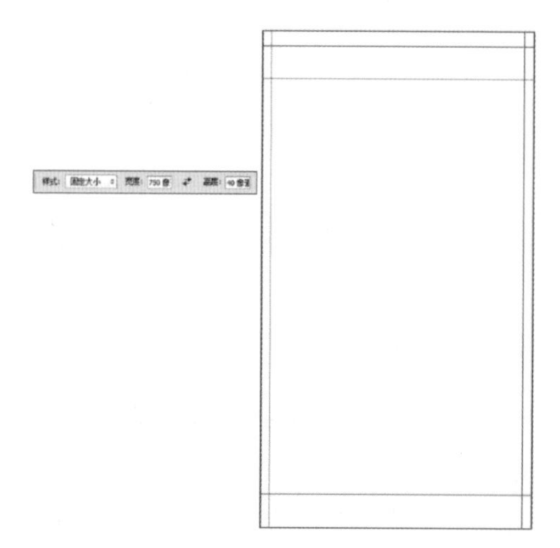

图3-45 界面布局

②新建“状态栏”和“标题栏”两个图层组，背景颜色为主题层颜色（R：70，G：135，B：161）。添加状态栏中的信号、时间、电池电量等控件。在标题栏处添加文字（大小为34像素，字体为微软雅黑）及右侧的快捷菜单、关闭等控件，颜色均为白色，如图3-46所示。

③新建“标签栏”图层组，在界面下方制作标签栏。背景为白色，描2像素浅灰色边缘。将标签栏水平方向四等分，添加图标和文字。图标的大小为44像素×44像素，文字的大小为22像素。为了表示当前标签为“首页”，将“首页”标签的文字及图标的颜色改为主题层颜色，如图3-47所示。

制作主界面1

制作主界面2

制作主界面3

制作主界面4

制作主界面5

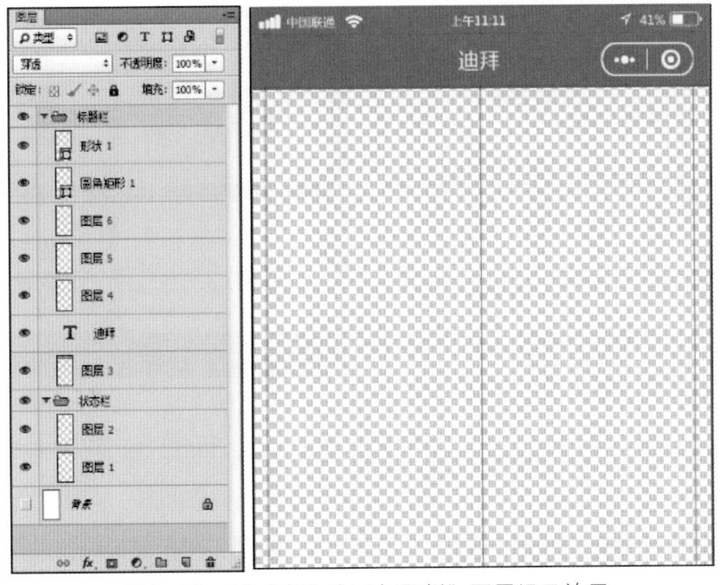


图3-46 “状态栏”和“标题栏”图层组及效果

④接下来，制作界面内容区域，采用的布局方式是混合式布局。依托参考线，绘制图3-48所示的圆角矩形，圆角半径为25像素。再分别绘制图3-49所示的4个白色的圆角矩形，将其左右对称分布在大圆角矩形的中间区域。

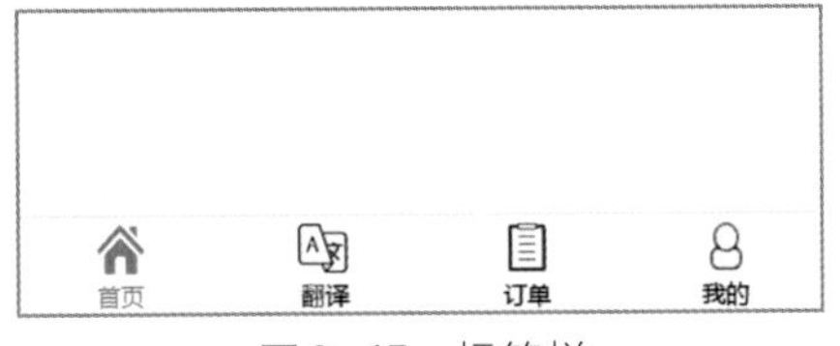


图3-47 标签栏

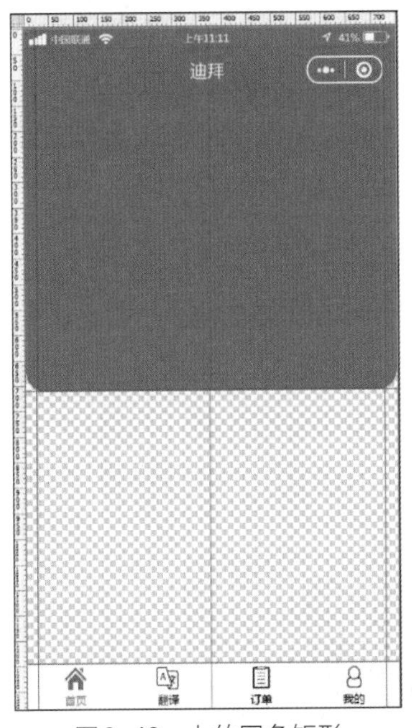


图3-48 大的圆角矩形

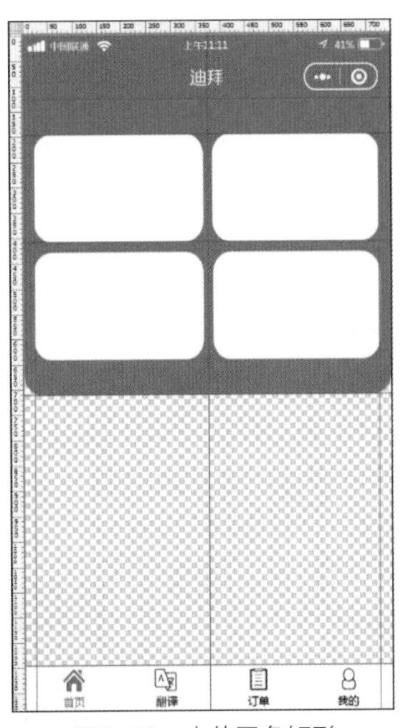


图3-49 小的圆角矩形

⑤在白色圆角矩形中添加分类信息，使用参考线辅助对齐相同的元素。图标大小为76像素×78像素，使用的颜色是辅助层颜色。文字的大小为34像素，颜色为主题层颜色，如图3-50所示。

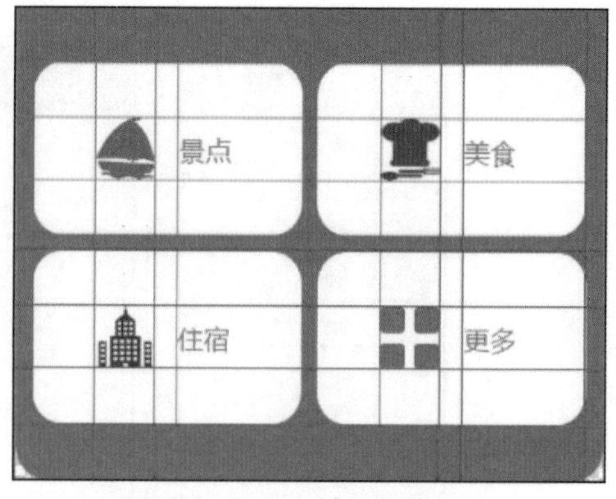

图3-50　添加分类信息

⑥将背景填充为浅灰色（R：238，G：238，B：238），使用矩形选框工具创建列表。矩形的高度为106像素，填充白色，描2像素浅灰色边缘。添加文字（大小为26像素）和右侧的符号，如图3-51所示。

⑦添加“热门景点”处的图文信息，即可完成主界面的制作，效果如图3-52所示。

图3-51　制作列表

图3-52　主界面效果

### 3. 制作详情界面

①详情界面的状态栏、标题栏和标签栏的布局和内容与主界面中的大致相同，所以可将“主界面”另存为“详情界面”，再将不需要的图文信息删除。将标题栏文字改为详情界面的标题“导游”，在其左侧添加返回图标，图标的大小为44像素×44像素，如图3-53所示。

制作详情界面1

制作详情界面2

②为了便于用户查看导游信息，详情界面的布局采用九宫格式布局。首先使用参考线对界面进行分割，如图3-54所示，再使用圆角矩形工具绘制图形，描2像素浅灰色边缘。

图3-53　调整标题栏

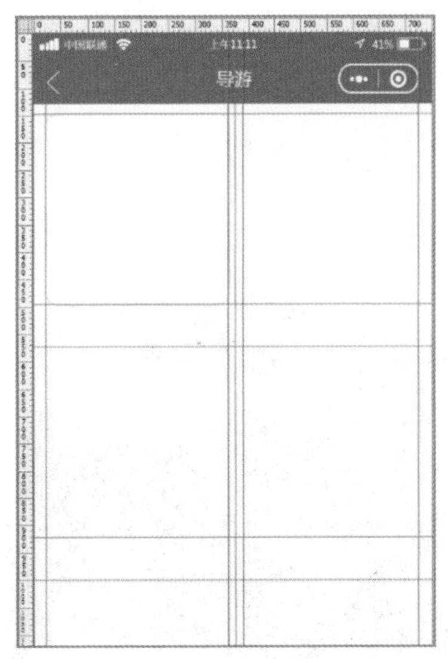


图3-54　分割界面

③插入导游的图片，使用图层蒙版将图片处理成圆角矩形效果。添加文字信息，该处文字主要分为四部分，可调整各部分文字的大小和亮度，从而对文字的重要程度进行区分，如图3-55所示。

图3-55　添加文字和图像

④依据同样的方法，完善其他导游的信息，可在人气、从业年数、简介等方面适当调整。完成的详情界面如图3-56所示。

图3-56　最终效果

# 3.3 交互设计

交互设计，也称为互动设计，主要是对人们在使用软件、消费产品时产生的互动行为进行设计。简单来说，就是当用户向机器发送了一个指令，机器给出响应，这就产生了交互行为，如图3-57所示。

图3-57　交互行为

在人工智能时代，人机交互的方式日趋多样，如可通过语音、图像、手势等。但是无论使用哪种交互方式，无论采用哪种交互技术、交互媒介，最终的目的还是要服务用户、满足用户的需求。交互设计的核心是用户，产品的外观、功能设计都是用来服务用户的，所以交互设计的本质应该是“以用户为中心”。

以用户为中心的设计需要UI设计师沉浸在用户的环境中，从用户的角度去思考问题，寻找解决问题的方法。有人将其总结为“3W”原则，即Who、Where、Why，即什么人用、什么地方用、为什么用，其中任何一个元素改变，结果都会有相应的改变。UI设计师只有真正了解用户的需求，才有可能理清适合的设计思路、拓展新的设计方向。

因此，对于交互设计，我们可以理解为：以用户的需求为导向，理解用户的期望、需求，理解商业、技术以及业内的机会与制约，创造出形式、内容、行为有用且易用，令用户满意且技术可行、具有商业利益的产品。

### 3.3.1 设计流程

交互设计一般可以分为前期准备、中期设计和后期跟进3个阶段。

#### 1. 前期准备阶段

在前期准备阶段，要确定产品的设计目标，明确产品的目标人群和要实现的核心任务，通常要经过需求分析、用户建模和竞品分析等流程来完成前期准备工作。

需求分析主要是指深度理解用户需求，挖掘用户的深层次需求。可以通过调查问卷（见图3-58）、走访等形式获得相关信息，从中提炼、总结，为后续的设计奠定基础。

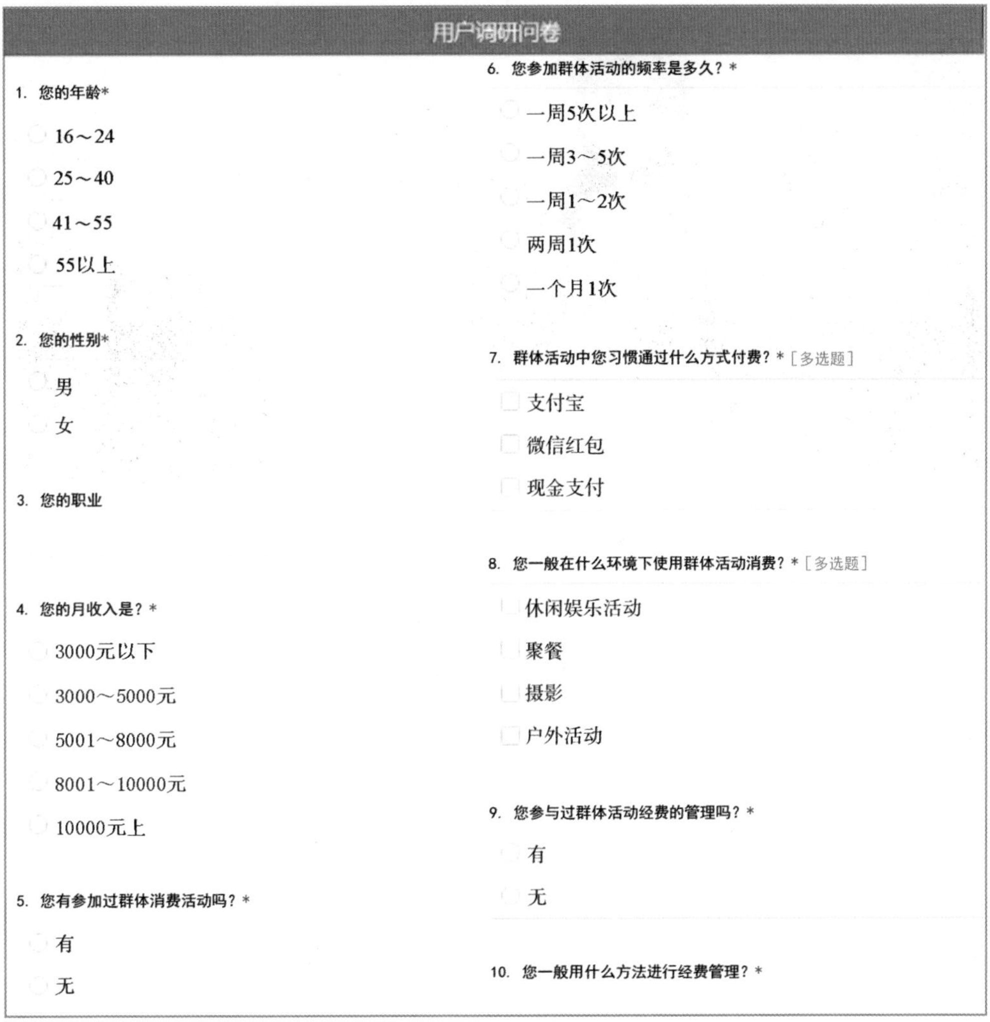

用户调研问卷

1. 您的年龄*
   - 16～24
   - 25～40
   - 41～55
   - 55以上

2. 您的性别*
   - 男
   - 女

3. 您的职业

4. 您的月收入是？*
   - 3000元以下
   - 3000～5000元
   - 5001～8000元
   - 8001～10000元
   - 10000元上

5. 您有参加过群体消费活动吗？*
   - 有
   - 无

6. 您参加群体活动的频率是多久？*
   - 一周5次以上
   - 一周3～5次
   - 一周1～2次
   - 两周1次
   - 一个月1次

7. 群体活动中您习惯通过什么方式付费？*［多选题］
   - 支付宝
   - 微信红包
   - 现金支付

8. 您一般在什么环境下使用群体活动消费？*［多选题］
   - 休闲娱乐活动
   - 聚餐
   - 摄影
   - 户外活动

9. 您参与过群体活动经费的管理吗？*
   - 有
   - 无

10. 您一般用什么方法进行经费管理？*

图3-58 用户调查问卷

经过调查，了解了用户的特点和需求后，可以通过用户建模（见图3-59）归纳用户的典型特征，即设置虚构的用户，并设计一个需求场景，目的是更准确地把握用户的需求。

在确定产品的设计目标和定位后，还要进行竞品分析，即了解竞争对手的产品和市场动态，借鉴已经成形的较为完整的系统化思想和设计方向，找到自己的创新点。

图3-59　用户建模

## 2. 中期设计阶段

前期准备阶段的工作完成后，进入中期设计阶段。在这个阶段，主要完成信息架构、界面的设计与制作等工作。

在前期准备的基础上，可以总结出用户最为需要、最为关注的产品功能，列出功能的优先层级，组建信息架构（见图3-60）。信息架构可以用逻辑思维导图的方式展示，使功能层级清晰、一目了然。

梳理了功能之后，就可以进行界面设计了。一般界面设计内容分为低保真原型

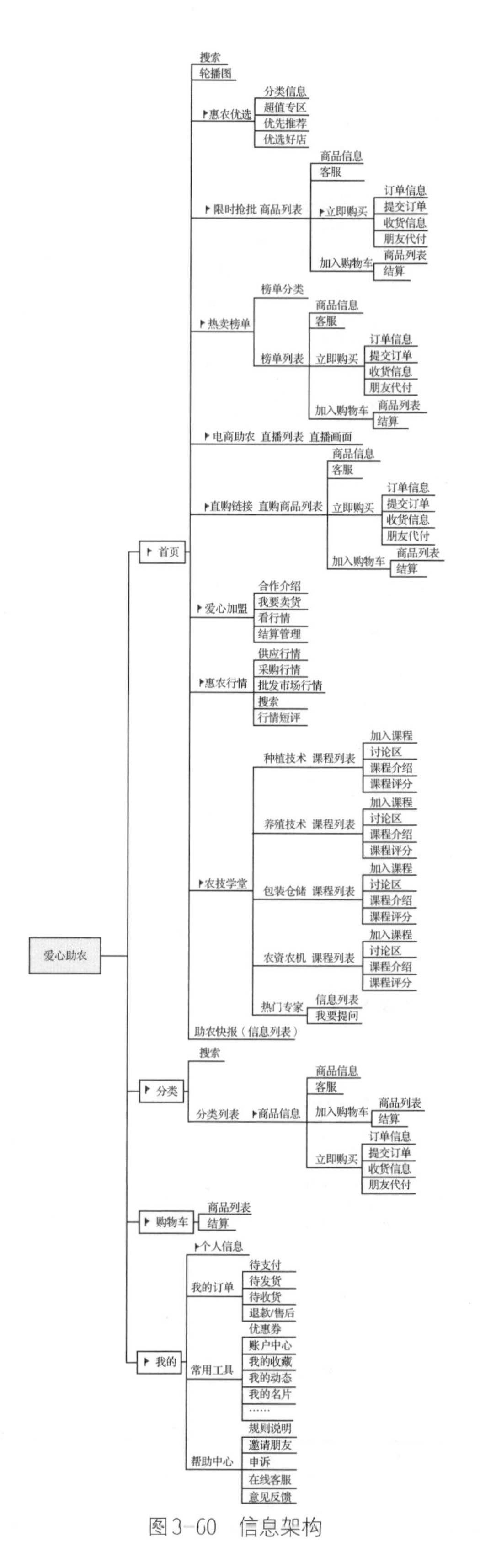


图3-60　信息架构

（见图3-61）和高保真原型（见图3-62）。低保真原型通常都是脱离了皮肤状态的线框图，可以更聚焦于界面的功能、结构和交互，同时也可节约开发成本。高保真原型与低保真原型的区别在于，高保真原型关注的是界面的细节，包括颜色、字号、间距等规范性问题。高保真原型的效果与产品设计交付时的效果是一致的。

图3-61　低保真原型

图3-62　高保真原型

### 3. 后期跟进阶段

在完成了产品的整体设计之后，进入后期跟进阶段。在这个阶段，设计师要向测试工程师详细描述交互原型的结构、设计的细节，在开发过程中及时跟进，随时发现遗漏的问题，保证开发的完整性。产品交付后，设计师要和测试工程师一起测试，查看产品是否和设计保持一致，同时进行可用性的循环研究、用户体验回馈，针对可行性建议对产品进行后期完善，不断地对产品进行改进。

### 3.3.2 设计工具

从交互设计的流程可以看出，交互设计是一门融合了多种学科的技术。心理学、逻辑学、信息架构、需求分析、原型设计、可用性测试等知识，都是设计师应该具备的。业内通常认为，懂需求、懂体验、懂运营、懂设计规范、懂技术的设计师才是受欢迎的产品型设计师。

从技术角度来说，掌握必要的设计工具可以让设计师的交互设计更加快速、高效，可操作性强。

#### 1. 信息架构设计工具

信息架构通常是用逻辑思维导图的形式表现的。常用的逻辑思维导图制作软件有MindManager、XMind等，使用它们可以简单、方便、美观地展现产品的功能架构，如图3-63所示。

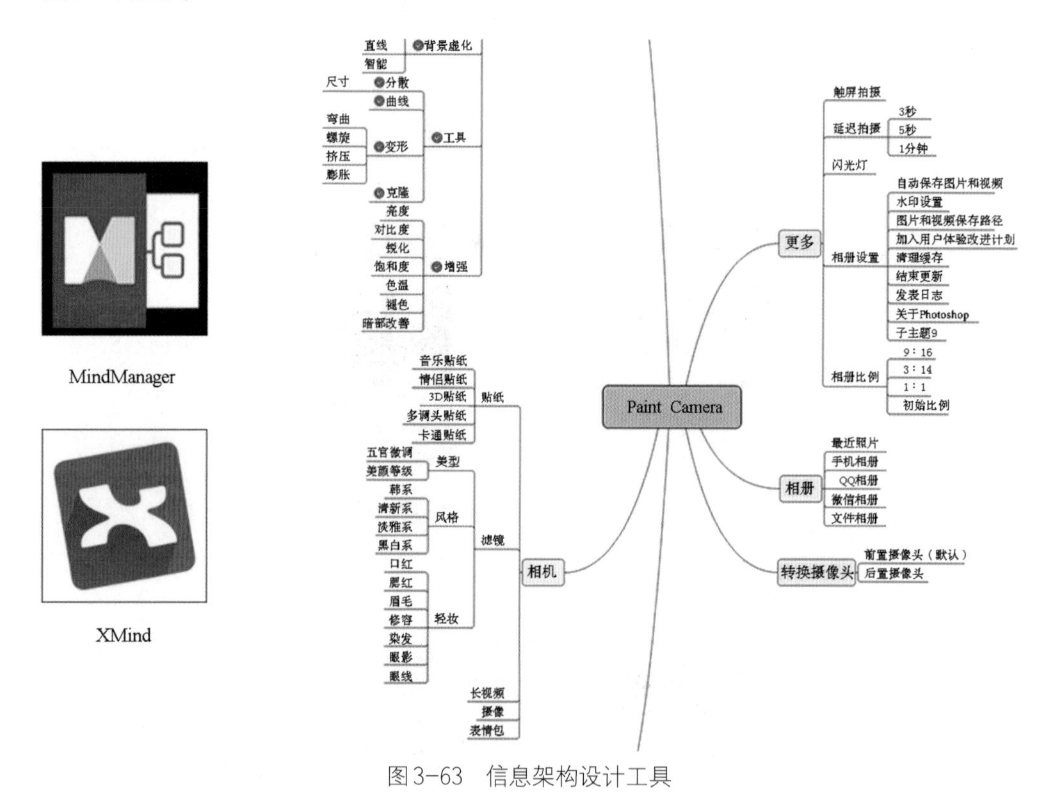


图3-63 信息架构设计工具

#### 2. 低保真原型设计工具

常见的低保真原型设计有手绘制作和计算机制作两种形式。使用计算机制作低保真原型，通常会选择Mockups、Sketch、墨刀等软件，如图3-64所示。通过这些软件还可以完成交互演示，生成交互布局图，方便、快捷、高效。

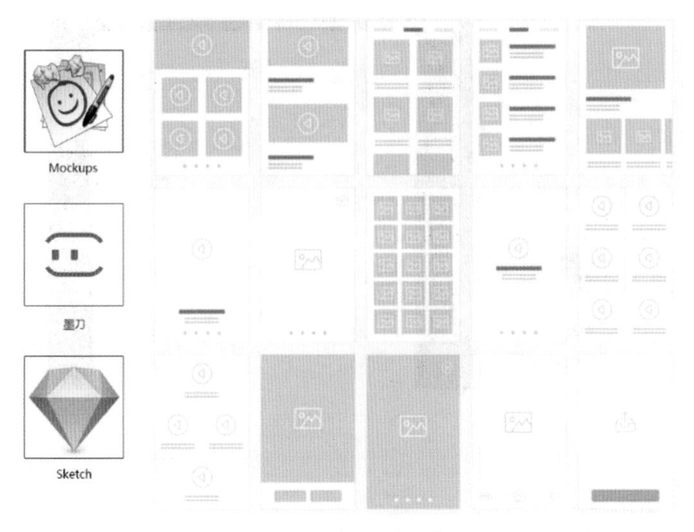


图3-64 低保真原型设计工具

### 3. 高保真原型设计工具

制作高保真原型常用的设计工具有Photoshop、Illustrator（见图3-65）等。它们的图像处理、图形绘制功能，很适合用来制作界面效果。在制作高保真原型时，要有足够的耐心，依据不同设备、系统的设计规范，准确地调整每个元素的位置和大小，保证视觉效果达到最优。

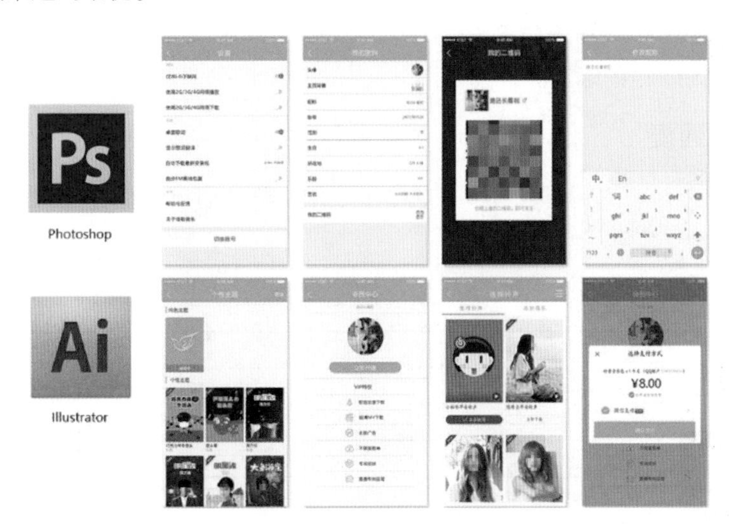


图3-65 高保真原型设计工具

### 4. 标注工具

交互设计是一项需要团队协作的工作，所以在制作高保真原型之前，有时会需要制作规范手册，可能会用到像素大厨、MarkMan等标注工具来进行尺寸、颜色标注（见图3-66）。这样可以保证团队成员制作的界面效果一致。

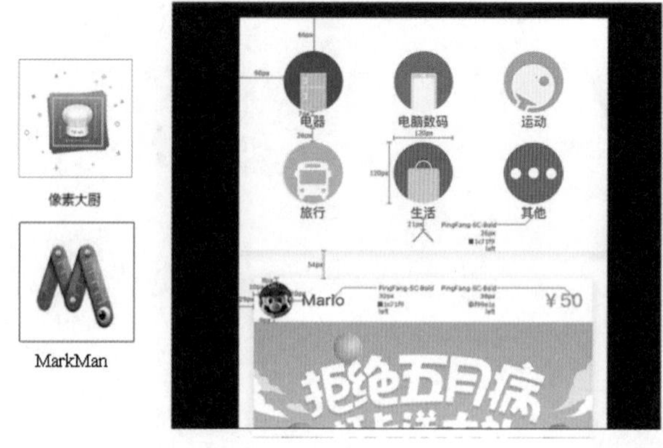


图3-66　标注工具

### 3.3.3　项目实战——“TAOC”App交互设计

本小节将结合前面所学的理论知识，完成一款产品的交互设计，加深大家对交互设计流程和技术的理解。

#### 1. 需求分析

本产品的核心用户是设计专业的学生或设计行业的初级从业人员。这部分人群处于设计入门阶段，对于颜色搭配技巧、配色方案运用得不够成熟，经常在设计中遇到配色的困扰。本产品的定位就是帮助用户解决用色困扰。产品的名称为“TAOC”，是英文“The Art of Color”的缩写。

#### 2. 用户建模

通过对核心用户的调研、分析，总结出该用户群体的核心特征，建立用户建模卡片，如表3-5所示。

表3-5　用户建模卡片

| | | |
|---|---|---|
| | 姓名：郑逸 | 核心用户 |
| | 性别：男 | |
| | 年龄：21岁 | |
| | 性格：阳光 | |
| | 所在地：长春 | |
| | 使用频率：平均每天2～3次 | |
| 用户特征 | 郑逸是一名应届设计专业毕业生，初入设计领域，在设计作品时经常产生配色的困扰，导致设计稿经常不被通过 | |
| 需求情景 | 自己从书籍上学习理论，配色方面也没有多大起色，又不太好意思向同事请教，导致开始对自己的设计缺乏自信 | |
| 决策心理 | 有一次经网友推荐，下载了“TAOC”，通过“TAOC”的在线学习、咨询功能，很快就找到了满意的配色方案。“TAOC”的界面简洁美观，操作简便，咨询回复快，功能强大，在设计中非常适用 | |

### 3. 竞品分析

结合用户需求，选取同类型的三款App产品作为竞品分析对象。通过对同类产品的功能、布局与界面视觉效果等方面的分析，挖掘“TAOC”的借鉴点和需要避免的问题，分析结果如表3-6所示。

表3-6 竞品分析

| 参数/配色客户端 | 产品1 | 产品2 | 产品3 | TAOC |
| --- | --- | --- | --- | --- |
| 功能分类 | 配色列表、颜色分类、我的收藏 | 常用颜色、图像配色、颜色计算器…… | RGB调色板 | 颜色库、名师教程、我、配色推荐 |
| 搜索功能 | 有 | 无 | 无 | 有 |
| 广告招贴 | 无 | 软件底部 | 无 | 无 |
| 主页布局 | 九宫格式 | 列表式 | 混合式 | 侧滑式 |
| 意见反馈 | 支持 | 支持 | 支持 | 支持 |
| 特色功能 | 颜色值转换 | 基于HSB的渐变提供设计颜色的知识和教程 | 可以拉动滚动条随意调色 | 颜色值转换，基于HSB的渐变提供设计颜色的知识，可以拉动滚动条随意调色，名师教程 |
| 颜色库 | 有 | 有 | 无 | 有 |
| 照片识别 | 无 | 有 | 无 | 有 |

### 4. 信息架构

信息架构1

信息架构2

梳理产品的所有功能，根据功能的优先级别进行分级、分层（见图3-67）。从图3-67中可以看出，“TAOC”的主要功能划分为“颜色库”“名师教程”“配色推荐”“我”4个部分。其中有星号标志的功能，是提炼出的界面。该信息架构是使用XMind制作完成的。

TAOC
★配色推荐：★季节 分享；★性格 分享；★国家 分享；★年代 分享；★场景 分享；★音乐 分享；★心情 分享；★其他 分享
★颜色库：★常用颜色 分享；★图像识别器 分享；★中国颜色（中国传统颜色 分享；中国国画颜色 分享）；RGB调色板 分享；★颜色值转换 分享；★基于HSB的渐变 分享
★我：★版本；昵称；★我的收藏（★图片；★教程；★配色方案）；★意见反馈（★给此软件评分）；★激活会员（★会员特权）；★您的配色分享；★分享此软件
★名师教程：★配色干货；★讲师视频（国外讲师：评论、点赞、转发；国内讲师：评论、点赞、转发）

图3-67 信息架构

## 5. 低保真原型制作

梳理出界面架构之后，就可以开始低保真原型的制作了（见图3-68）。在低保真原型中不建议对颜色、字体、按钮等设计元素进行精细设置，也不用强调规范性，需要关注的是功能的层次性和完整性。此处的低保真原型使用墨刀来制作。

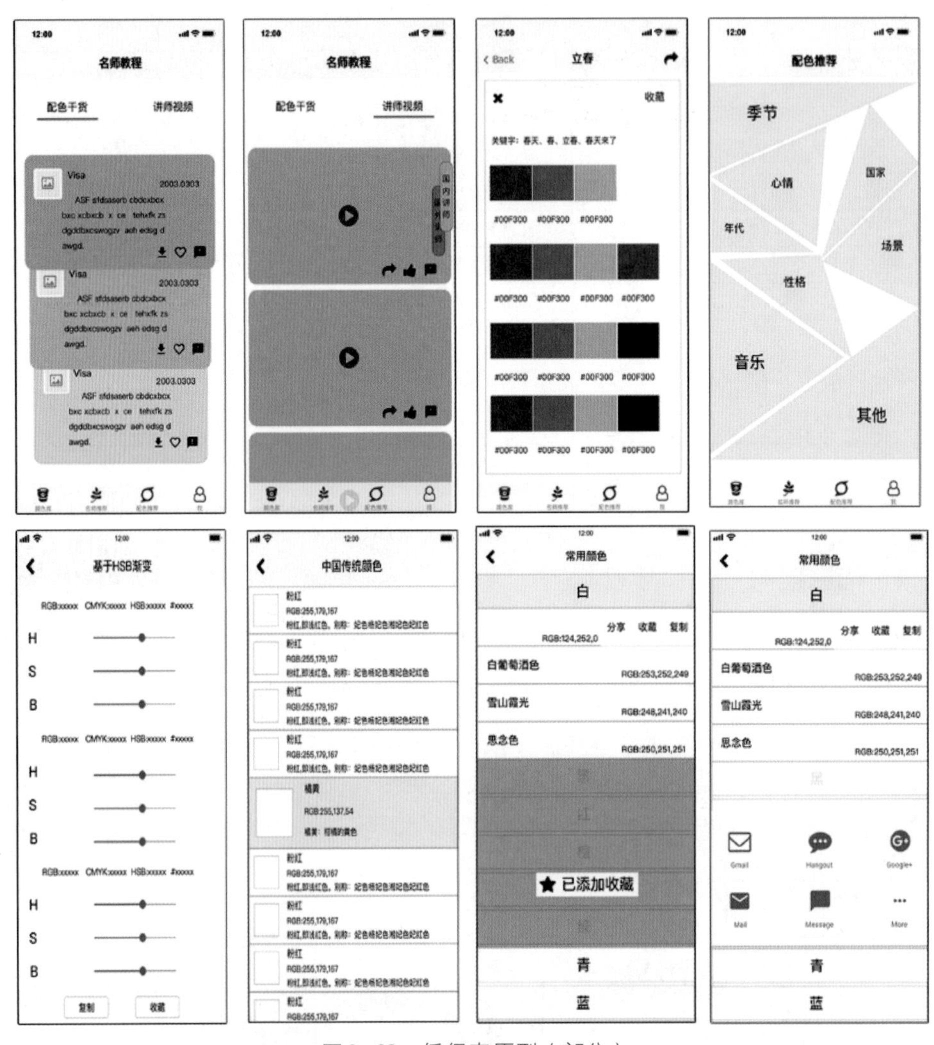


图3-68　低保真原型（部分）

## 6. 高保真原型制作

如果是团队协作，在制作高保真原型之前可以先制作规范手册。规范手册一般有瀑布流或PPT两种形式。在规范手册的基础上，可以使用Photoshop、Illustrator等来制作高保真原型（见图3-69）。此处的高保真原型使用Photoshop制作。

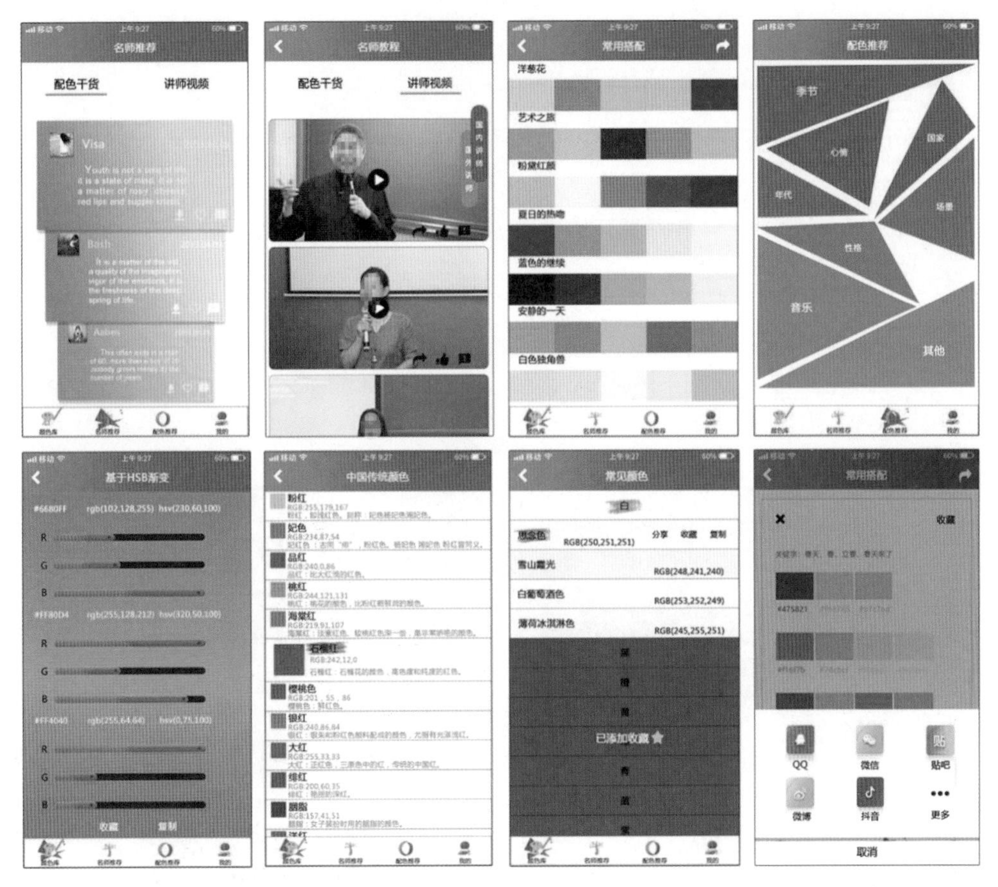


图3-69　高保真原型（部分）

# 3.4　单元小结

在本单元中，详细介绍了移动端UI设计中的图标设计、界面设计和交互设计，对图标设计中的主题图标设计、App图标设计，界面设计中的布局设计、颜色设计，交互设计的流程及工具等进行了全面、细致的阐述。通过3个项目实战，将理论联系实际，大家在操作中可以更加深入地理解移动端UI设计。设计重在实战，只有通过大量的临摹和练习才能逐渐熟悉并掌握移动端UI设计的方法和技巧。

# 3.5 课后习题

请运用本单元所学的知识完成以下任务。

1．设计一组主题图标。

2．设计一款产品，完成需求分析、用户建模、竞品分析、信息架构等流程，并以用户为核心，完成产品的低保真原型和高保真原型制作。

（1）图标设计样例

本样例图标的主题是“中国风”（见图3-70），从色彩到纹理，采用的设计元素均为中国古典元素。

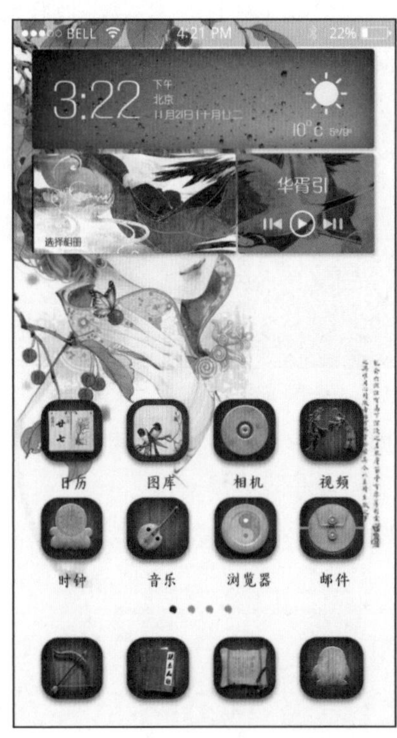


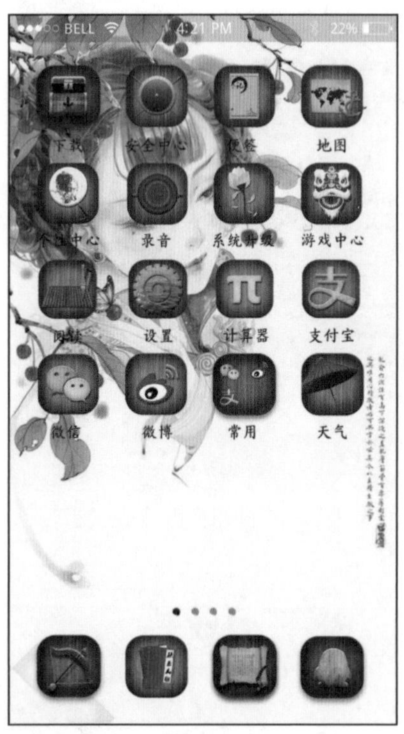


图3-70 主题图标样例

（2）界面和交互设计样例

本样例设计的是一款面向青年群体（女性群体为主，男性群体其次）的相机App，着重突出人像模式、场景更换、多款滤镜等功能。表3-7、表3-8所示分别为该样例的用户建模卡片和竞品分析。图3-71、图3-72所示分别为该样例的低保真原型和高保真原型。

表3-7　用户建模卡片

| | | |
|---|---|---|
| | 姓名：小白 | 核心用户 |
| | 性别：女 | |
| | 年龄：22岁 | |
| | 爱好：喜欢自拍 | |
| | 所在地：长春 | |
| | 使用频率：平均每天2～3次 | |
| 用户特征 | 小白是长春某公司职员，手机“达人”，爱好自拍，热衷记录生活 | |
| 需求情景 | 小白酷爱自拍，但由于目前的相机App存在功能零乱、广告众多、滤镜种类较少、操作烦琐、照片修图效果不理想等问题，用起来不是很满意 | |
| 决策心理 | 一次小白从朋友的手机里发现了本款App，它操作简单，界面简洁友好，滤镜种类非常多，自拍效果特别好，很多效果都可以直接套用，方便、快捷，使用后她的照片得到了更多朋友的肯定 | |

表3-8　竞品分析

| 功能对比 | 产品1 | 产品2 | 产品3 | 本产品 |
|---|---|---|---|---|
| 美化图片 | √ | √ | √ | √ |
| 人像美容 | √ | × | × | √ |
| 拼图 | √ | × | × | √ |
| 滤镜 | √ | √ | √ | √ |
| 素材 | √ | √ | √ | √ |
| 使用攻略 | √ | √ | √ | √ |
| 特效 | √ | √ | × | √ |
| 分享社区 | √ | √ | √ | √ |
| 照片制定 | √ | × | × | √ |
| 一键美颜 | √ | × | × | √ |
| 视频自拍 | √ | √ | × | √ |
| 编辑 | √ | × | √ | √ |
| 马赛克 | √ | × | √ | √ |
| 涂鸦 | √ | × | √ | √ |
| 边框 | √ | √ | √ | √ |
| 贴纸 | √ | × | √ | √ |
| 文字 | √ | × | √ | √ |
| 背景虚化 | √ | × | × | √ |
| 添加照片 | × | × | √ | √ |
| 相机 | √ | √ | √ | √ |
| 商店 | × | × | √ | √ |
| RGB通道 | × | × | √ | √ |
| 保存时间 | 2秒 | 2秒 | 2秒 | 1～2秒 |
| 特效缓存时间 | 3秒 | 5秒 | 无 | 2秒 |
| 操作 | 复杂 | 简单 | 复杂 | 简单 |
| 分享至 | 微博、QQ、朋友圈、QQ空间 | 微博、QQ、微信好友，更多 | 微博、QQ、QQ空间、朋友圈、微信好友 | 微博、QQ、QQ空间、微信好友、朋友圈、更多 |

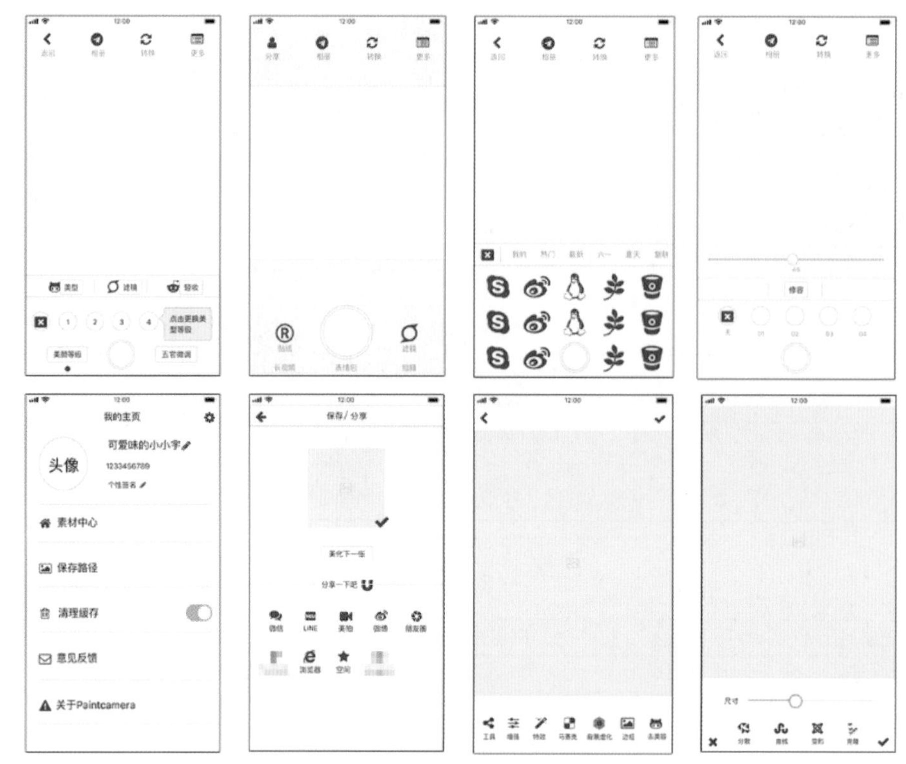

图3-71　低保真原型（部分）

图3-72　高保真原型（部分）

# 04 第四单元　网页端UI设计

- 网页端UI设计基础
- 导航栏
- Banner设计
- 页面主体设计
- 页脚设计
- 网页效果的实现

通过网页端UI（Web UI，WUI）设计，可以很好地提升网站形象。网页端UI设计不仅仅是技术的体现，而是越来越接近于艺术。网页端UI设计师除了注重网页端UI的美观性，也越来越注重用户体验，不断提高网页端UI的可用性。

在一个网页端UI中，可以看到很多元素，如文本、图片、按钮、表单控件、表格、线条等，这些元素杂乱无章地摆放是不可取的。作为一个优秀的网页端UI设计师，应将网页端UI按功能进行分类，既要遵守界面整洁、风格统一、色彩和谐等设计原则，又要打造更友好的交互，使用户更轻松、愉悦地使用。

# 4.1 网页端UI设计基础

## 4.1.1 网页发展历史

网页发展到今天经历了几个重要的阶段，如图4-1所示。1989年，英国科学家发布了第一个网络浏览器和万维网用于研究。它是一个基于文本的网站，界面中仅仅是字符与空格的排列组合。1990年，超文本标记语言（Hyper Text Markup Language，HTML）开始用于创建网站结构。1993年，登录界面开始出现，企业开始使用网站进行广告宣传。1996年，设计师开始在网页中添加文本、图像和Flash动画，网页的内容变得丰富多彩。1998年，层叠样式表（Cascading Style Sheets，CSS）诞生了，它可以使网页的外观、样式等属性的设置脱离HTML。2007年，移动端诞生，使网页的美观性、实用性和功能性都有所提高。2010年，响应式布局开始受到重视，网页布局可以随窗口和屏幕的变化而变化，以适应不同的显示设备，同时扁平化设计也受到重视，设计师开始抛弃复杂的光影设计，更注重根本内容的呈现。2016年，网页设计技术革新，设计师只需在屏幕上移动不同的控件，就可快速生成简洁、可执行的代码，可控制度极高。

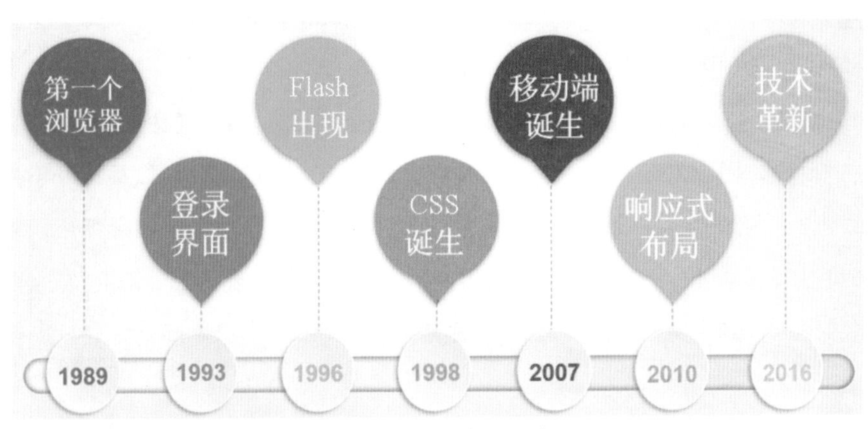


图4-1 网页发展历史

## 4.1.2 网站开发流程

网站开发一般会经历5个阶段：前期准备、界面效果设计、网页开发、测试和发布、后期维护，如图4-2所示。

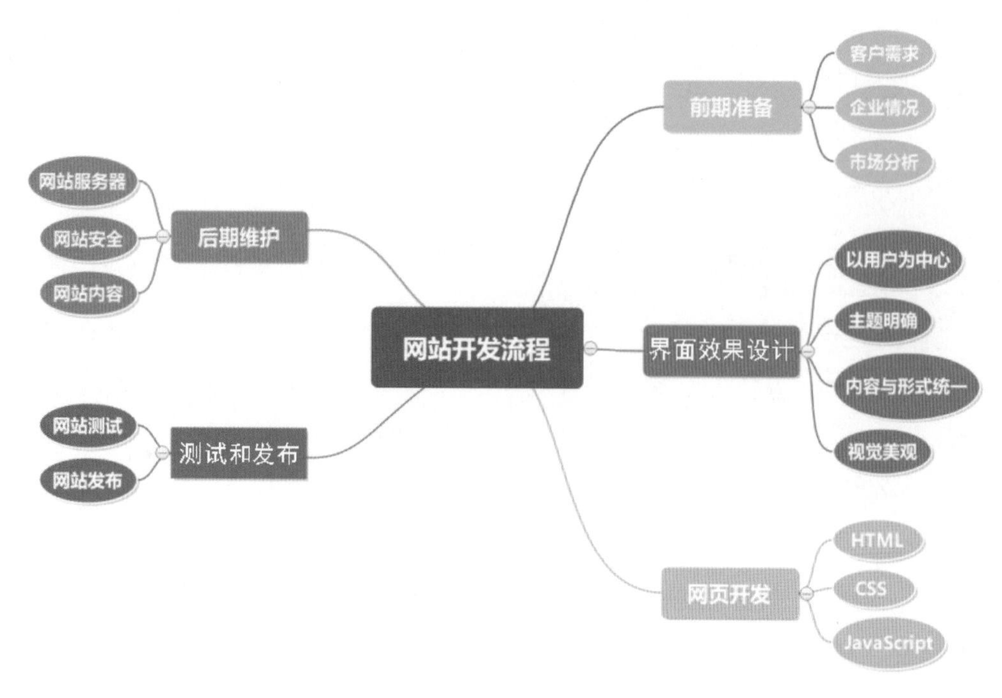


图4-2 网站开发流程

### 1. 前期准备阶段

一个网站的建立，无论是为了宣传业务、推广产品，还是为了表达观点、传递价值，都会有其功能需求。建立网站前应围绕客户需求、企业情况、市场分析等进行策划，同时也要考虑到网站未来发展的可拓展性。

### 2. 界面效果设计阶段

前期准备工作完成后，开始进行网站的界面效果设计。在该阶段要以用户为中心，做到主题明确，围绕内容与形式统一、视效美观等方面进行设计。如果不以用户为中心，即使再有创意的网站设计，也是失败的设计；明确的主题可以满足特定用户的需求，还可以增加搜索引擎的友好性；优秀的网站从内容到表现形式，都要统一、协调；在视觉效果上，应运用一定的技巧，力图使空间、文本和图像之间建立联系，实现网页的和谐、美观。

### 3. 网页开发阶段

界面效果设计完成后，就进入网页开发阶段。在该阶段主要是根据网站的界面设计效果，运用HTML、CSS实现网页的搭建和美化，运用JavaScript等技术优化网站用户的体验，以及进行网站界面交互动效的制作，实现网站功能。

#### 4. 测试和发布阶段

网站的测试要以用户体验为主，包括配置测试、兼容性测试、易用性测试、文档测试以及安全性测试等。在对网站进行完整的测试后就可以发布了。网站发布是指将网站内容使用文件传输协议（File Transfer Protocol，FTP）上传到网络空间中。

#### 5. 后期维护阶段

后期维护是指在网站建设完毕、正式发布后，还需要继续对网站进行完善，如对网站服务器、网站安全和网站内容等进行维护。

### 4.1.3 网站类型

常见网站按应用领域可划分为门户类网站、企业类网站、电商类网站、政府网站和功能性网站。

#### 1. 门户类网站

门户类网站以提供信息资讯为主要目的，是目前应用最广泛的网站形式之一。根据涉及的领域，门户类网站可以分为综合门户类网站和垂直门户类网站。

（1）综合门户类网站

综合门户类网站，是指提供综合性信息资源，并提供有关信息服务的应用系统。该类网站业务众多，用户面广，如新浪网等，如图4-3所示。

图4-3 新浪网

（2）垂直门户类网站

垂直门户类网站提供的内容信息专注于某一领域，主要吸引特定用户，针对性、专业性较强，如专注于IT领域的中关村在线，如图4-4所示。

图4-4　中关村在线

## 2. 企业类网站

企业类网站主要用于对独立的企业等进行推广和宣传，展示企业形象、产品特色、业务资讯、联系信息等。它是企业对外宣传、交流的窗口。根据网站主题的重点不同，企业类网站又可分为企业形象网站、品牌形象网站和产品形象网站。

（1）企业形象网站

企业形象网站主要以塑造企业形象、传播企业文化、推广企业业务、报道企业活动、展示企业实力等为主要目的，如图4-5所示。

图4-5　企业形象网站

（2）品牌形象网站

当一家企业拥有众多品牌，且不同品牌的市场定位和营销策略不同时，企业可根据不同品牌分别建立品牌形象网站，以针对不同的用户群体。图4-6所示为某家电品牌形象网站。

图4-6 品牌形象网站

（3）产品形象网站

产品形象网站（见图4-7）主要用于展示产品的核心卖点，并围绕产品的外观、功能、用户体验、产品特色等方面开展营销，开拓销售渠道。

## 3. 电商类网站

电商类网站是企业、机构或个人用于开拓线上市场，以营销电商类网站为目的开发的网站。电商类网站按电子商务模式可分为C2C、B2C、B2B等几种模式。

（1）C2C

消费者对消费者（Consumer to Consumer，C2C），是指个人与个人之间的电子商务，如淘宝网（见图4-8）。

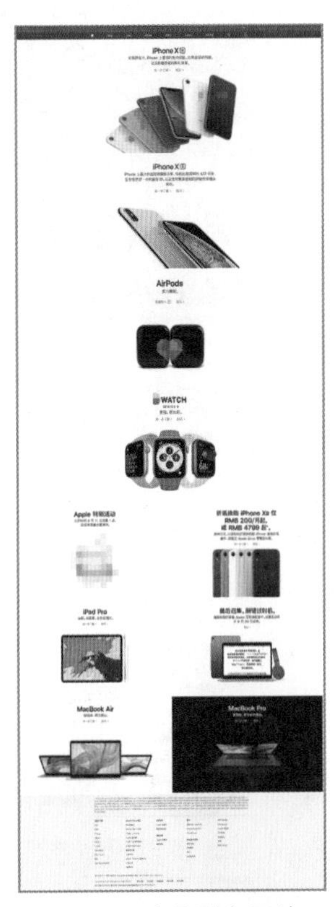


图4-7 产品形象网站

图 4-8　C2C

（2）B2C

企业对消费者（Business to Consumer，B2C）是指企业直接面向消费者销售产品和服务，如苏宁易购（见图 4-9）。

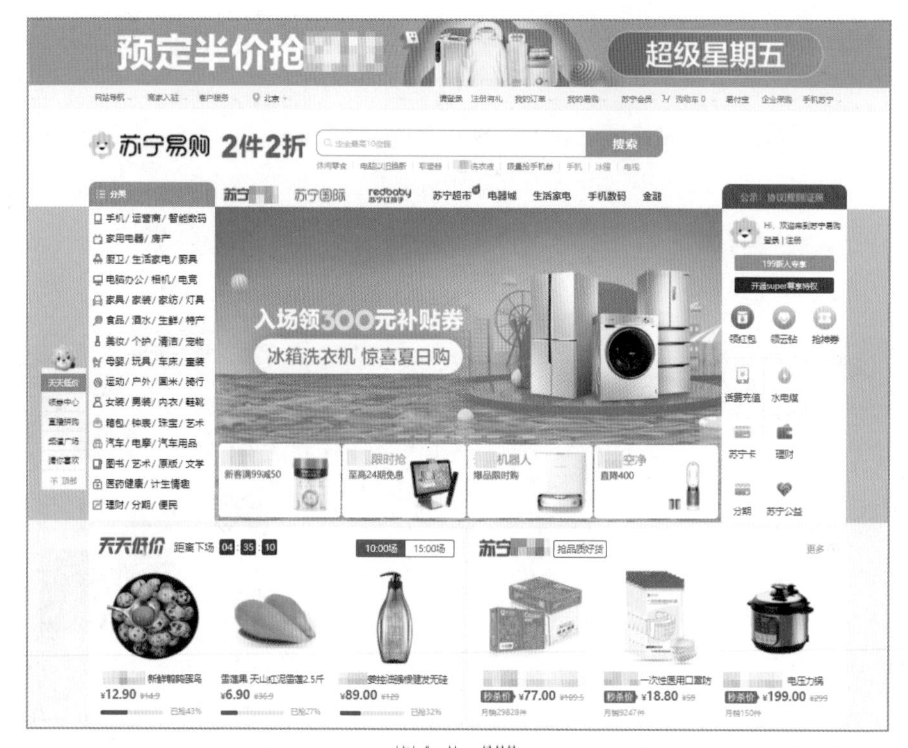


图 4-9　B2C

（3）B2B

企业对企业（Business to Business，B2B），是指企业与企业之间通过互联网进行产品、服务及信息的交换，如中国制造网（见图4-10）。

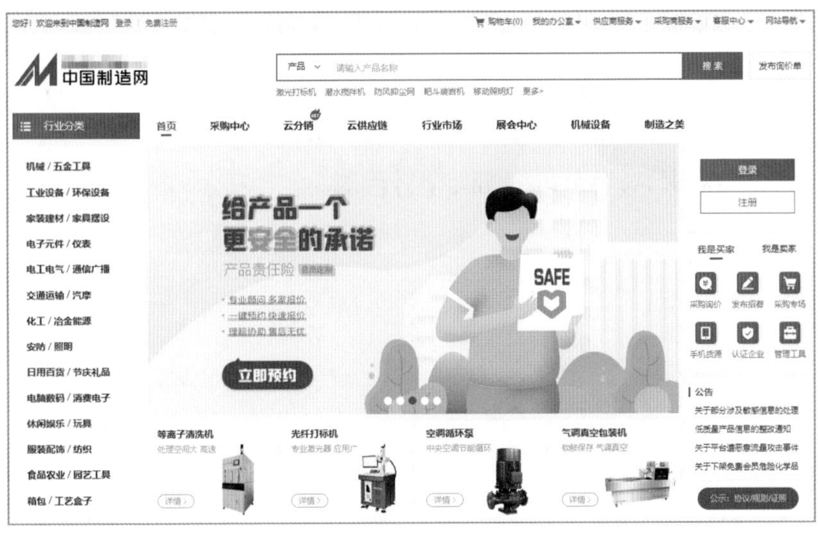

图4-10　B2B

## 4. 政府网站

政府网站是指一级政府在各部门的信息化建设基础上，建立的跨部门的、综合的业务应用系统，使公民、企业与政府工作人员都能快速、便捷地接入相关政府部门的政务信息与业务应用，使合适的人能够在恰当的时间获得恰当的服务，如图4-11所示。

图4-11　政府网站

### 5. 功能性网站

功能性网站的主要特征是交互性强，文字、图像等元素较少，与以上四类展示性网站有本质的区别。例如搜索类网站通过强大的搜索功能，可以实现用户的信息、查询需求，如图4-12所示。

图4-12　功能性网站

## 4.1.4　网页版式

网页版面由文本、图像、色彩等元素通过点、线、面的组合与排列构成。优秀的网页版式一方面给用户带来美的视觉享受，另一方面也提高了传达信息的效率。网页版式设计根据主题、风格、受众群体等因素有所不同，下面介绍几个常用的网页版式。

### 1. 骨骼型

骨骼型的网页版式是指网页中的图像和文字按照骨骼排列进行排版，类似于报刊的排版形式，具有规范性和条理性。此类排版可以分为横向分栏和竖向分栏，可分多栏，一般以竖向分栏居多。图4-13所示的网页版式，将网页分为竖向三栏。

图4-13　骨骼型网页版式

## 2. 满版型

满版型的网页版式，通常是版面四周不留白边，以图像充满整版，视觉传达效果直观而强烈（见图4-14）。满版型版式给人以大气、舒展的感觉，在网页设计中的应用较为频繁。

图4-14　满版型网页版式

## 3. 分割型

分割型的网页版式分为上下分割和左右分割两种形式。上下分割，就是把整个页面分为上下两个部分。可以在上半部分或下半部分配置图像，另一部分则配置文案，风格分明。上下部分配置的图像可以是一幅或多幅。图4-15所示的网页即采用上下分割的版式。

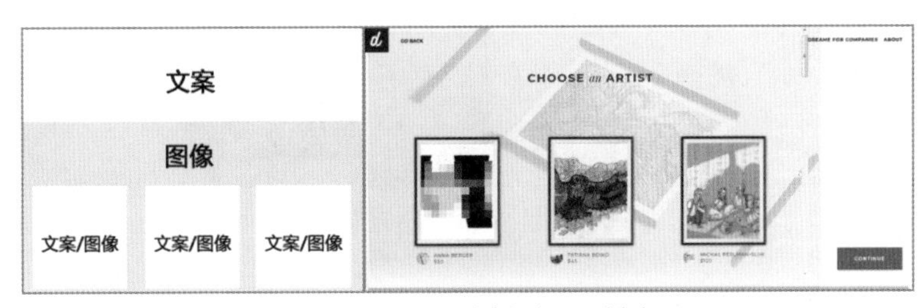


图4-15　上下分割型网页版式

左右分割，是把整个页面分割为左右两个部分。当左右两部分对比过于强烈时，要适当调整图像和文案所占的面积或表达形式。图4-16所示网页即采用左右分割型版式。

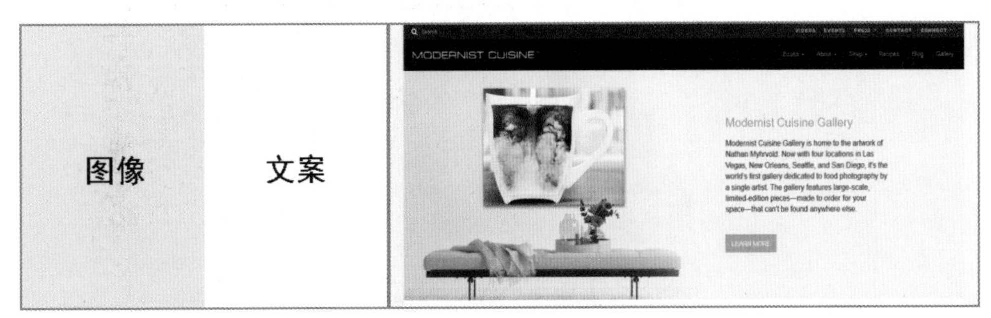


图4-16　左右分割型网页版式

## 4. 中轴型

中轴型的网页版式，是将图像做水平或垂直方向的排列，将文案置于图像的上下或左右。水平排列的网页会给人稳定、安静、和平与含蓄之感；垂直排列的网页则给人强烈的动感。垂直排列的中轴型版式比较常见，如图4-17所示。

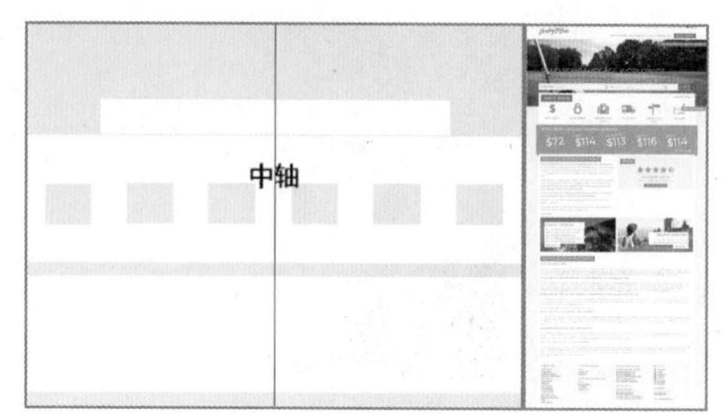


图4-17　中轴型网页版式

## 5. 曲线型

曲线型的网页版式，通过线条、颜色、形体等元素有规律的变化，使网页具有鲜活的视觉效果，见图4-18。

图4-18　曲线型网页版式

## 6. 倾斜型

倾斜型的网页版式，就是将网面的主体形象做倾斜设计，营造强烈的动感，如图4-19所示。这种设计比较引人注目。

图4-19　倾斜型网页版式

### 7. 对称型

对称型的网页版式，会给人稳重、庄严、理性的感觉，如图4-20所示。对称有绝对对称和相对对称，网页版式设计中一般多采用相对对称。

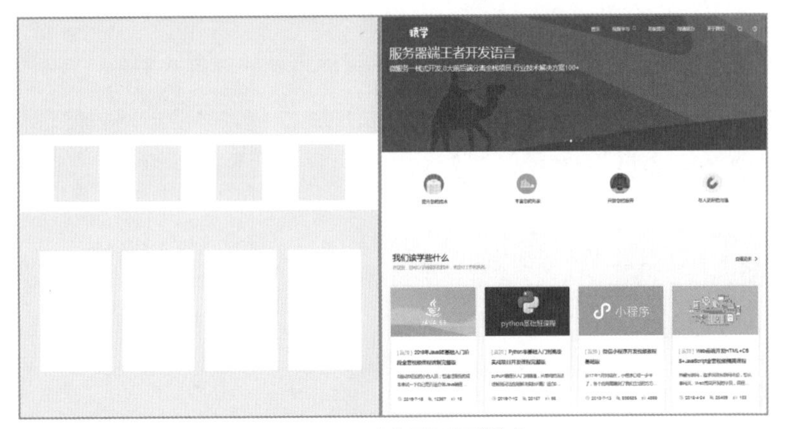


图4-20 对称型网页版式

### 8. 焦点型

焦点型的网页版式以对比强烈的图像或文案置于页面的中心产生焦点，如图4-21所示。

图4-21 焦点型网页版式

### 9. 自由型

自由型的网页版式是无规律的、随意的，有活泼、轻快之感，如图4-22所示。

图4-22 自由型网页版式

# 4.2 导航栏

导航栏是网页不可缺少的部分，它是位于页面顶部的一排水平导航按钮，或者侧边区域的一列垂直导航按钮。它起着链接各个页面的作用，有助于网站信息有效地传递给用户。导航栏的设计一定要简洁、直观、明确。

## 4.2.1 导航栏分类

导航栏按照位置和风格可分为以下8种。

### 1. 顶部栏

位于网页顶部的导航栏称为顶部栏，一般用于放置网站Logo和导航信息、搜索栏、提示消息、登录/注册等元素。图4-23所示为腾讯网的顶部栏。顶部栏的设计对一个网站的用户体验来说是非常重要的。用户的浏览习惯一般都是从上到下、从左到右，进入网站时，顶部栏通常是用户最先提取文字信息的部分。因此，设计顶部栏时，不仅要考虑视觉效果，也要考虑交互原则、用户体验，为设计一个美观且功能良好的网站打下基础。

图4-23 顶部栏

顶部栏的菜单通常分为单层菜单和双层菜单两种。

当网站导航信息过多，单层菜单不能把所有的导航信息都展示在顶部栏时，可以对导航内容进行取舍，将一些二级导航信息隐藏来释放页面的空间。这样可以使顶部栏更加清爽、简洁，用户的注意力可以更好地集中在那些重要的信息上。隐藏的二级导航信息可以设置在鼠标指针经过时显现。例如在图4-24中，当鼠标指针经过单层菜单中的“旅游”“机票”菜单时，分别显现出二级导航信息。

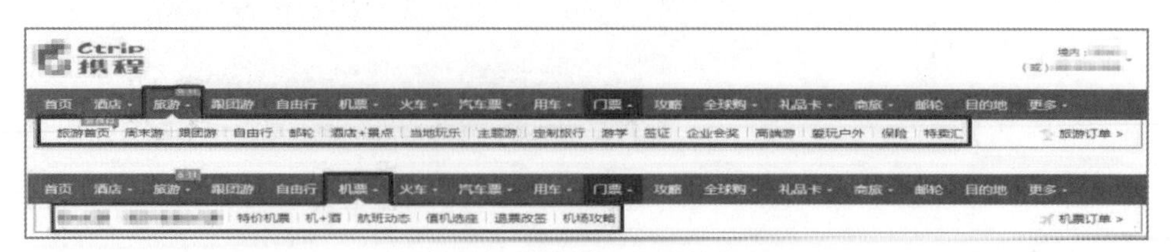


图4-24 隐藏的二级导航信息

随着产品功能的不断升级与完善，逐渐会出现一些单层菜单无法解决的情况，如顶部栏需要展示的内容过多，而且某些特定功能不属于同一层级。为了更好地应对这类情况，可以使用双层菜单，如图4-25所示。

图4-25　双层菜单

## 2. 垂直导航栏

垂直导航栏是一种比较方便的导航形式，一般位于页面左侧，如图4-26所示。使用垂直导航栏可以跟据需要增加网站分类，解决网站宽度有限的问题。

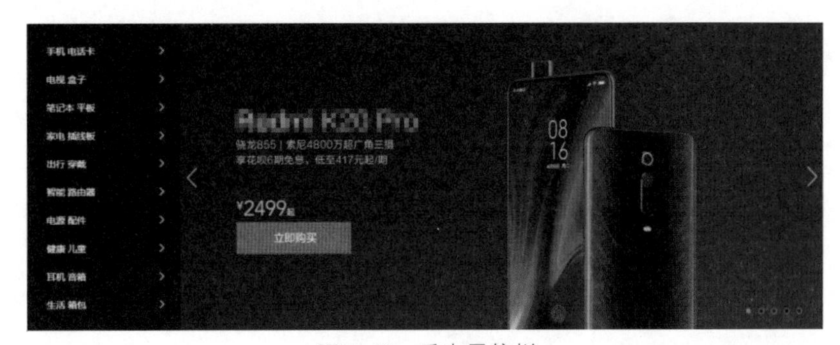


图4-26　垂直导航栏

垂直导航栏的形式多样，可动可静、可大可小，富于个性化。设计师可以考虑以滑动方式展示二级导航信息，在节约网站空间的同时也显得更加简约，能够使用户聚焦核心内容，如图4-27所示。

图4-27　以滑动方式展示二级导航信息

### 3. 面包屑导航栏

面包屑导航栏主要用于记录用户访问的路径，以便更清晰地展示用户当前所在位置，以及当前页面在整个网站中的位置。面包屑导航栏可以很好地体现网站的架构层级，引导用户通行，用户可以更容易地定位到上一级目录，如图4-28所示。这能提高用户体验。

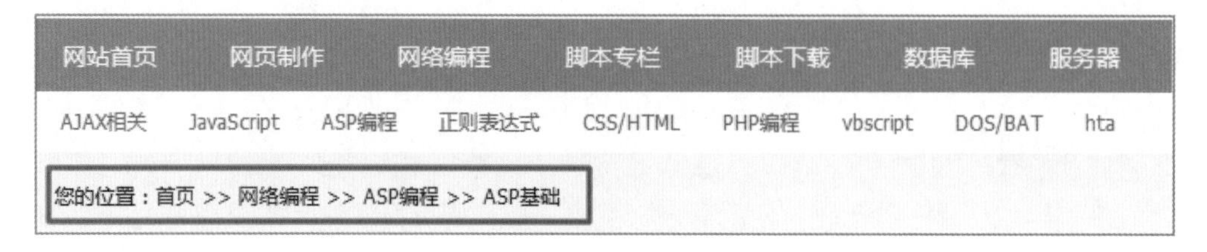


图4-28 面包屑导航栏

### 4. Tab导航栏

Tab导航栏的内容会随着鼠标指针经过而自动改变，并在不同模块、信息或任务之间进行快速切换，而无须刷新网页，有效地减少了网站空间，如图4-29所示。

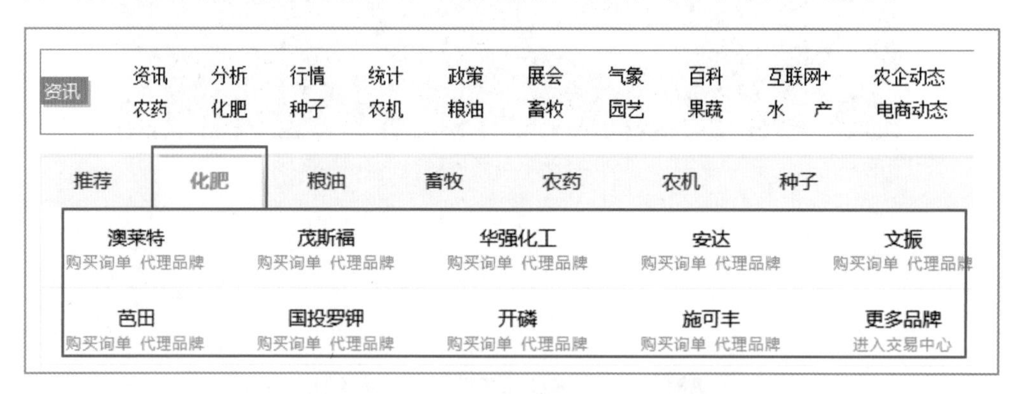


图4-29 Tab导航栏

### 5. 树状导航栏

对于一个导航文字较多，并且可以对导航内容进行分类的网站来说，可以将页面中的导航文字以树状图的形式显示，方便用户查看，如图4-30所示。

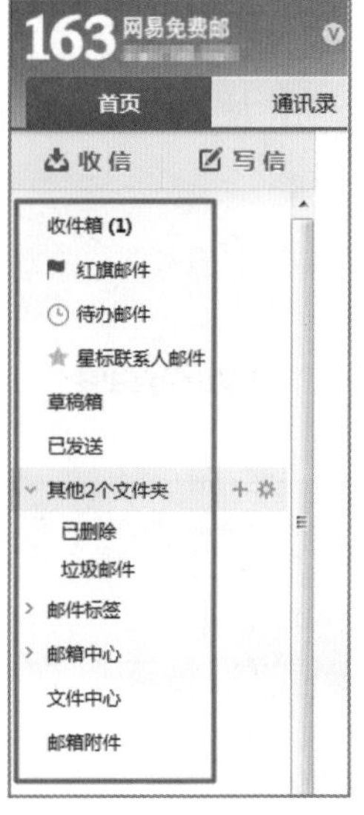


图4–30　网易邮箱的树状导航栏

## 6. 分步导航栏

分步导航栏是指引导用户按照流程完成任务的导航栏，如图4–31所示。

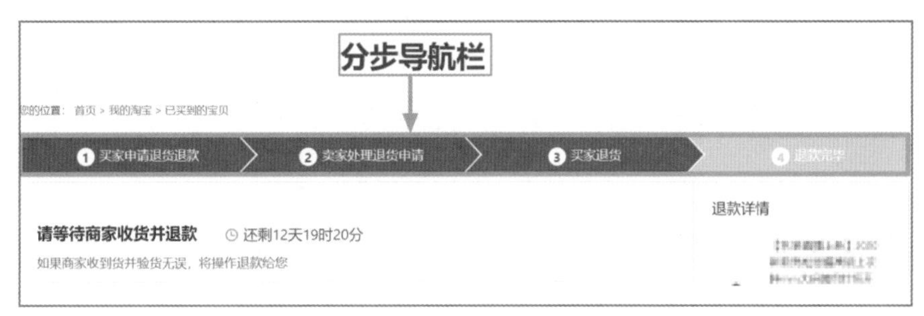


图4–31　支付界面的分步导航栏

## 7. 下拉框导航栏

下拉框导航栏是指将一类导航选项压缩在一个下拉框中的导航栏，如图4–32所示。

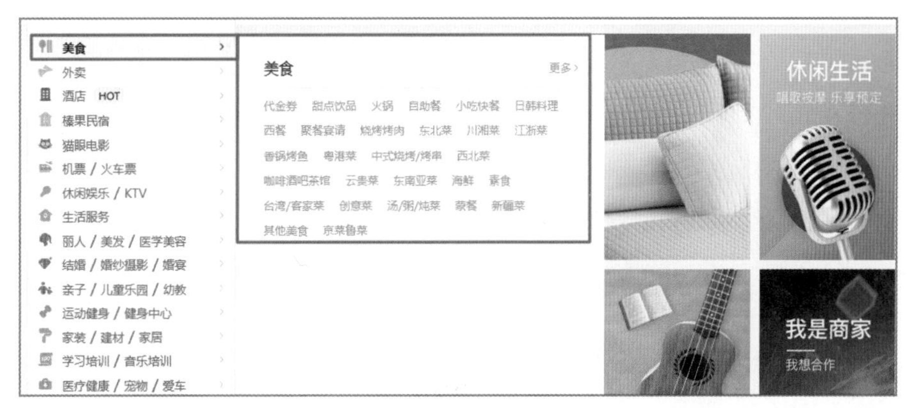


图4–32　下拉框导航栏

### 8. 搜索导航栏

搜索导航栏是导航栏的最高级别，按用户输入的关键词信息显示相关搜索结果，如图4-33所示。

图4-33 搜索导航栏

## 4.2.2 项目实战——“至尚装饰公司”顶部栏设计

本小节将结合前面所学的知识，设计、制作一个装饰公司的顶部栏，效果如图4-34所示。通过该项目，可以加深大家对导航栏的理解。

图4-34 顶部栏

### 1. 设计要求

本项目要为“至尚装饰公司”的网站首页设计、制作一个Logo和顶部栏。Logo就是品牌的象征，要做到个性鲜明，便于识别和记忆；而顶部栏则相当于一个网页的指南针，引领用户快速找到所需要的信息、资源，因此一定要设计得清晰，方便操作。

### 2. 设计思路

本项目Logo的设计灵感来源于建筑物的简化造型（见图4-35）：房屋的剪影表明该装饰公司的主营业务；分为4个格子的窗户，象征着多变的装饰风格。此外，主色调选择红色，鲜明、热情，引发关注。

图4-35 Logo图案

顶部栏分为Logo区、搜索区、电话区和导航区4个区域，既不过于拥挤，又有层次感，如图4-36和图4-37所示。导航区使用红色渐变的背景配合阴影效果，突出立体感。各栏目之间用暗红色线条分开，符合人们对空间分离的视觉要求。

Logo区

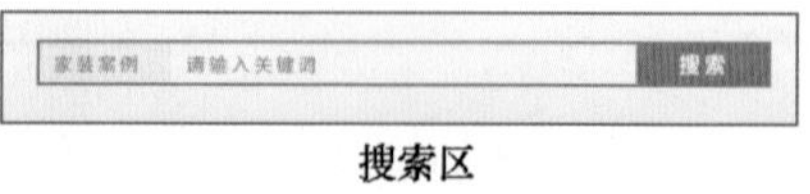


搜索区

电话区

图4-36 顶部信息

图4-37　导航区

### 3. 顶部栏制作

①打开Photoshop CS6，创建Logo文件，文件尺寸为120像素×120像素，分辨率为72像素/英寸，制作渐变背景：从（255，110，106）到（255，0，0）的垂直渐变。

②利用矩形工具和变形工具，制作房屋及窗户图案，如图4-38所示。在房屋顶部加上企业的名称缩写“至尚”，完成整个Logo的设计与制作。

③创建顶部栏文件，文件尺寸为1000像素×120像素，分辨率为72像素/英寸，四周保留10像素的空白区。创建白色背景，并划分好区域，如图4-39所示。

图4-38　房屋图案

图4-39　顶部栏区域划分

④Logo区是“图片+文字”的组合，图片在左侧，右侧放置文字。企业名称字号要大，服务理念字号要小一些，文字与图片之间、文字与文字之间都要保持距离，如图4-40所示。

Logo制作

⑤搜索区相对简单，在红色边框内划分出3部分，分别摆放灰色的下拉列表、白色的单行文本框和红色的按钮，如图4-41所示。

图4-40　Logo区效果

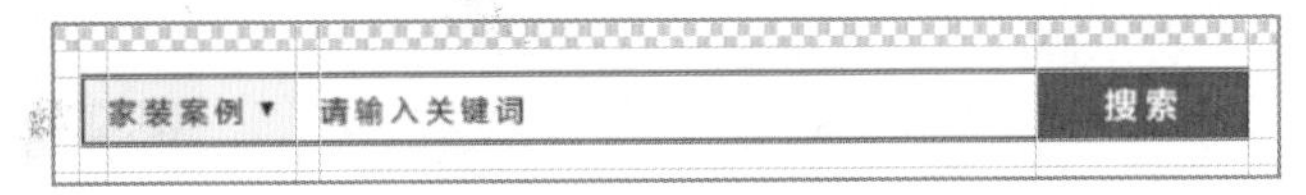


图4-41　搜索区效果

⑥电话区的设计与Logo区相似，也是左侧放置图片，右侧放置两行字号不同的文字，如图4-42所示。

⑦导航区使用白色的文字和红色渐变背景，并运用浮雕效果来表现文字的立体质感。每个导航项大小都是120像素×30像素，用暗红色2像素边框分开，当前的导航项用灰色背景、红色文字突显，效果如图4-43所示。

图4-42　电话区效果

图4-43　导航区效果

顶部栏制作1

顶部栏制作2

顶部栏制作3

顶部栏制作4

⑧依次制作其他导航项打开时的效果，如图4-44所示。

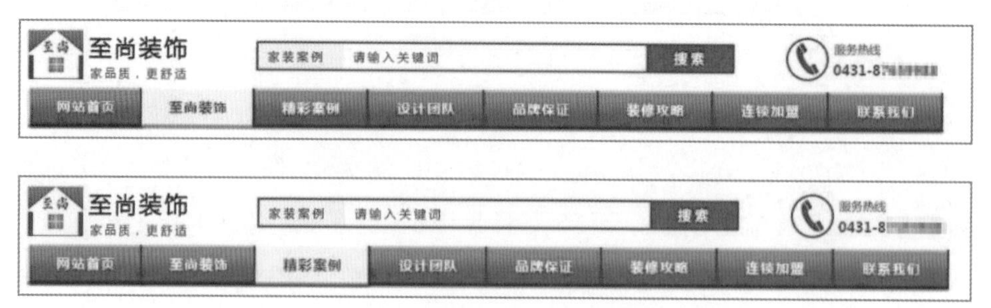


图4-44　其他导航项的打开效果

# 4.3　Banner设计

Banner就像是一个横幅图像广告。打开一个网站，大部分用户都有先看图片再看文字的浏览习惯。图片的说服力有时要比文字更直接、更有效。Banner设计效果如图4-45所示。

图4-45　Banner设计效果

一个出色的Banner既要突出网站的主题，又不能堆积过多信息，要精炼、鲜明，以便在较短的时间内吸引用户。所以，设计Banner时要考虑构图、文字、配色和背景等关键性要素。

## 4.3.1　Banner的构图

构图是Banner设计中最重要，也最基础的内容。设计Banner时需要先经过排版，确定整体效果之后，再进行创意性的填充，这样可以让Banner更加丰富。常见的Banner一般是图文的集合，如左图右字构图、左中右构图、上下构图、不规则构图等。按照这些排版方式可以制做出内容更加丰富的Banner，如图4-46所示。

图4-46　Banner构图

### 4.3.2　Banner的文字

文字在Banner中的作用无可替代，甚至可以说文字的样式直接决定了Banner设计效果。Banner中的文字通常选用宋体和细黑体两种字体，如图4-47所示。

图4-47　Banner的文字

### 4.3.3　Banner的配色

Banner的配色通常都是根据网站的内容和整体风格进行设计，突出重要内容或视觉元素。图4-48所示的Banner大胆地扩大底色面积来增强视觉冲击力，给人留下深刻的印象。

图4-48　Banner的配色

### 4.3.4 Banner的背景

背景是Banner不可或缺的一部分，起到了烘托主题、渲染气氛的作用。设计Banner背景时常运用对比、呼应、烘托等手法。可以利用大量的留白，如图4-49所示；也可以将纹理、商品等叠加，这种方法适用于将文字作为绝对主体的情况。

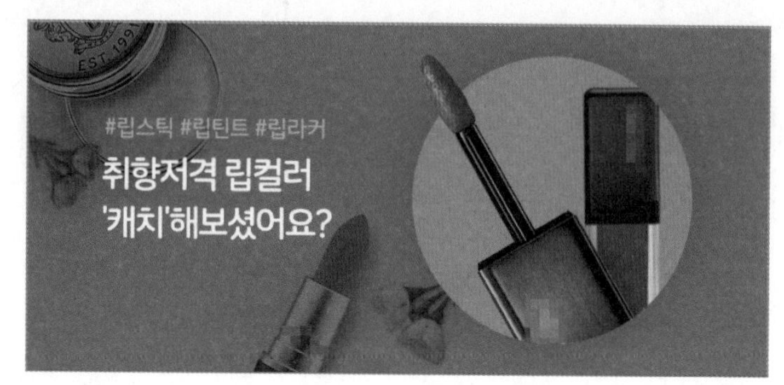


图4-49 Banner的背景

### 4.3.5 项目实战——“至尚装饰公司”Banner设计

本小节将结合前面所介绍的理论知识，完成“至尚装饰”公司的Banner设计，加深大家对Banner设计的认识。

#### 1．设计风格

网站的Banner一般都是用轮播的效果呈现。本项目将设计两种Banner效果：一种用于宣传品牌定位，如图4-50所示；另一种用于宣传服务效果，如图4-51所示。

图4-50 Banner效果一

Banner1制作

图4-51 Banner效果二

Banner2制作

## 2. Banner图设计

①打开Photoshop CS6，新建Banner效果一文件，Banner图的尺寸为960像素×360像素，分辨率为72像素/英寸。创建红色渐变背景，导入建筑群图片并进行调整，如图4-52所示。

图4-52　Banner效果一背景效果

②加入文字元素。第一行的品牌名称字号最大；第二行的品牌定位字号要小一些，浅色的文字与红色的背景形成对比；最后一行文字字号最小，字体选用中黑简体。文字效果如图4-53所示。

图4-53　Banner效果一文字效果

③设计Banner效果二，如图4-51所示。选用一张环境优雅的室外建筑为主要背景，配上"家品质　更舒适"的文案，拉近和用户的距离。下方的"至尚生活　品质至尚"用于突出品牌的名称和定位，加深用户印象。

④同样的思路，考虑设计其他效果的Banner图，如图4-54所示。

图4-54　其他Banner效果

# 4.4 页面主体设计

页面主体设计包括文字设计、色彩搭配、排版等。

## 4.4.1 文字设计

在网站的页面中，文字既是传达信息的重要媒介，也是具有直接诉求力的视觉传达要素。所以，文字在页面中的布局、表现及其艺术处理也得到越来越多的重视。

### 1. 文字大小

对于一个网页来说，文字的显现在用户体验中起着不可小觑的作用，文字过大或过小都会影响用户体验。所以设计时应根据文字在页面中的不同作用、位置，选用不同的字号。如果条件允许，可以在文章阅读页面增加选择文字字号的设计。

在常见的网站页面中，文章标题、栏目标题等多使用16像素和14像素；正文、说明文字等多使用14像素和12像素。此外，应避免大面积使用加粗字体。

### 2. 字体

网页中的文字主要分为衬线体、无衬线体、等宽字体、梦幻字体和花体字5种。其中前两种最常用，下面进行介绍。

衬线体指的是在字的笔画开始、结束的地方有额外的装饰，而且笔画的粗细有所不同，如宋体就是典型的衬线体，如图4-55所示。衬线体具有传统、专业、公正、官方等特点，如图4-56所示。

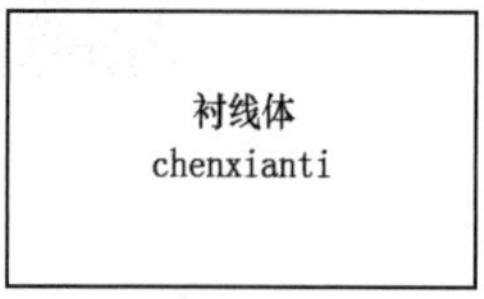

**衬线体**
chenxianti

图4-55 衬线体

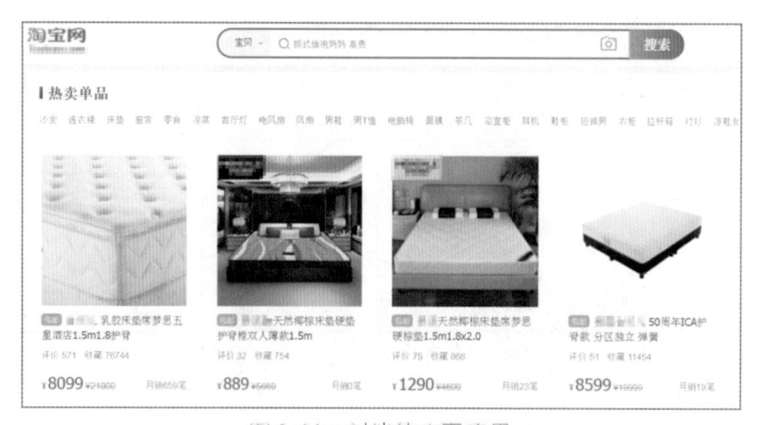


图4-56 衬线体文字应用

无衬线体没有衬线装饰笔画，通常是机械的和统一的线条，如微软雅黑字体就没有额外的装饰，而且线条粗细差不多，如图4-57所示。无衬线体具有方正、简洁、方便阅读和印刷清晰等特点，使用范围特别广泛，如图4-58所示。

无衬线体
wuchenxianti

图4-57 无衬线体

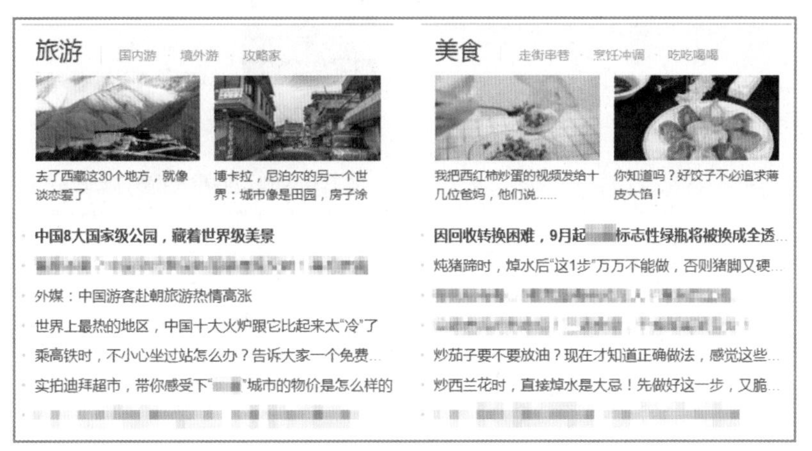


图4-58 无衬线体文字应用

### 3. 行高和段落间距

文字的行高就是字体高度与上下间距的和。图4-59所示的文字，行高为40像素，文字高度为20像素，上下间距各为10像素。通过增加行高，可以增加行垂直间距。

图4-59 行高

适当的行高可以提高文字的可读性、易读性。行高过大，容易让文字失去延续性，影响阅读；而过小的行高，又容易造成跳行，如图4-60所示。在设计页面时，一般根据字号大小选择1.5～1.8倍作为行高。

适合的行高
文字的行高就是一行文本的高度，文本行高不等同于行与行之间的距离。通过增加行高，可以增加文本行垂直间距。

过大的行高
文字的行高就是一行文本的高度，文本行高不等同于行与行之间的距离。通过增加行高，可以增加文本行垂直间距。

过小的行高
文字的行高就是一行文本的高度，文本行高不等同于行与行之间的距离。通过增加行高，可以增加文本行垂直间距。

图4-60 行高效果

同样的道理，段落之间的距离，也要适当。因为大多数用户并不会逐字逐句阅读页面中的文字，而是采用“扫描”的形式来获取信息。段落间保持足够的间距才能让用户更容易地识别文字，页面也更整洁、清晰。段落间距一般根据字号大小选择2～2.5倍最合适。

### 4. 文字颜色

在设计页面时，要为文字、文字链接、已访问链接和当前活动链接选用不同颜色。一个页面中要有主文字颜色（多采用深蓝色和深灰色），同时有两种左右的辅助文字颜色。例如，图4-61所示页面中的文字颜色为深蓝色（#122E67），当前活动链接的文字颜色为橘黄色（#FF8400）。

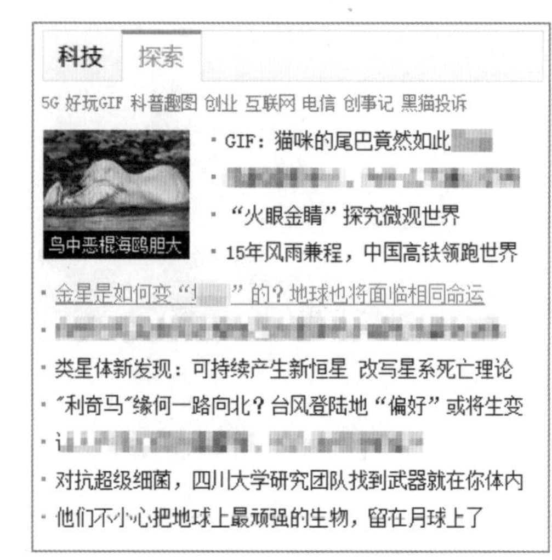

图4-61　文字颜色搭配

一般情况下，同一个页面中的文字颜色不要超过3种。若有需要，尽量采用统一字体的不同字族，如粗体、斜体来区分。例如，某网站的导航文字以黑色为主色，强调文字以黑色加粗和红色表现，如图4-62所示。应该注意的是，在设计文字颜色时，如果什么都想强调，其实相当于什么都没有强调。

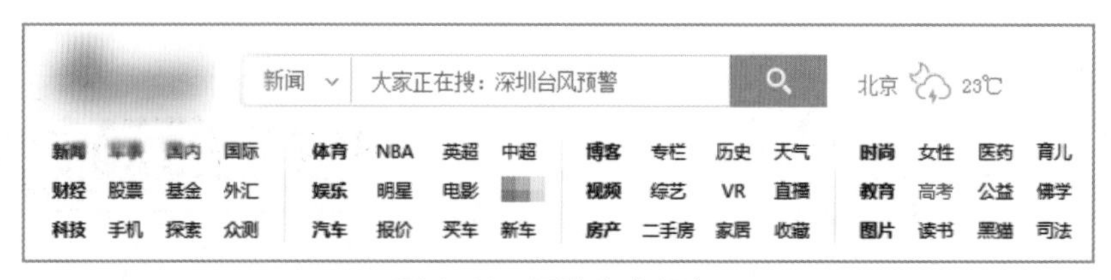

图4-62　两种文字颜色

### 5. 文字背景

文字的颜色与其背景色的对比要突出：背景色深，文字的颜色就应该浅；背景色浅，文字的颜色就要深一些（见图4-63）。

图4-63　文字颜色与背景色

## 4.4.2 色彩搭配

页面中色彩总的搭配原则是“总体协调、局部对比”。也就是说，页面的整体色彩效果应该是和谐的，局部的、小范围的区域可以有一些强烈色彩的对比。在搭配色彩时，既要考虑到网站的主题与特点，又要考虑艺术效果的呈现，使用户在获取信息的同时，还有美的享受。

### 1. 色彩搭配的原则

（1）色彩搭配的合理性

人类的视觉系统对色彩有很强的敏感性，不同的色彩搭配会产生不同的视觉效果，给用户带来不同的心理感受。合理的色彩搭配，可以给用户带来舒适感（见图4-64）。

图4-64 色彩搭配合理的页面

（2）色彩搭配的鲜明性

页面的色彩搭配鲜明，很容易引人注意，并且鲜明的色彩搭配有助于用户提取页面信息，给其留下深刻的印象（见图4-65）。

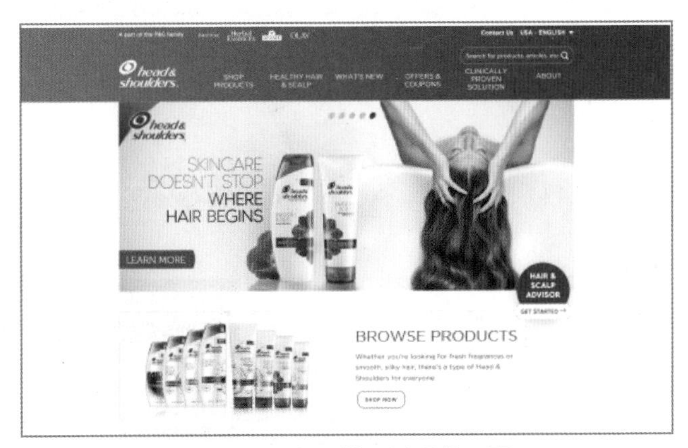


图4-65 色彩搭配鲜明的页面

（3）色彩搭配的艺术性

页面的色彩搭配也应考虑艺术性。页面的色彩搭配会影响用户的心情。优雅、美妙的色彩搭配会提高用户的愉悦感（见图4-66）。

图4-66　色彩搭配有艺术感的页面

## 2. 搭配方法

常见的页面色彩搭配有以下5种方法。

（1）同种色彩搭配

同种色彩搭配是指先选定一种色彩，然后调整其透明度和饱和度，将色彩变淡或加深，从而产生新的色彩。同种色彩搭配的页面看起来色彩统一、和谐，如图4-67所示。

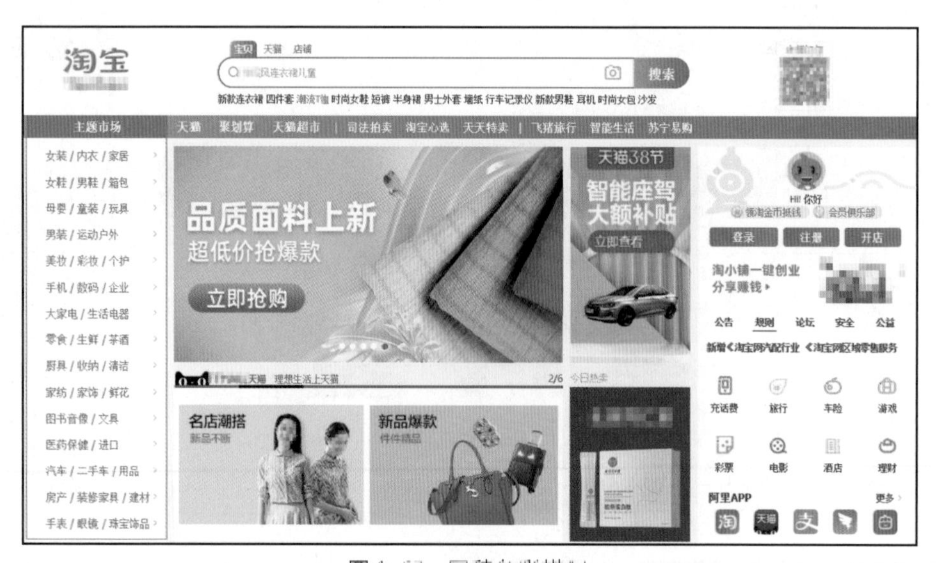


图4-67　同种色彩搭配

（2）邻近色色彩搭配

邻近色是指在色相环上相邻的颜色，如绿色和蓝色、红色和黄色。采用邻近色搭配可以使页面避免色彩杂乱，提高视频舒适感，如图4-68所示。

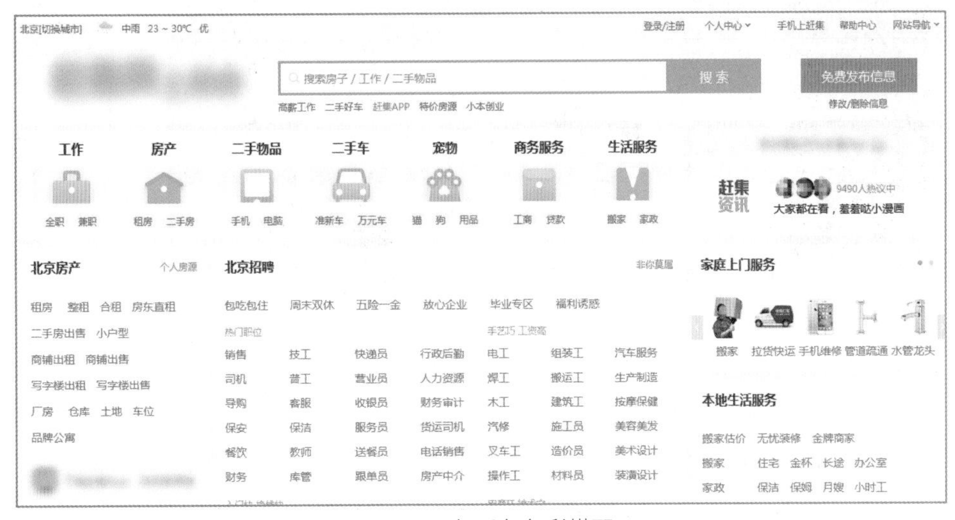


图4-68 邻近色色彩搭配

（3）对比色色彩搭配

一般来说，色彩的三原色（红、黄、蓝）最能体现色彩间的差异。色彩的强烈对比能产生视觉冲击力，便于烘托主题，如图4-69所示。采用对比色色彩搭配时，通常以一种颜色作为主色调，以其对比色作为点缀，以起到画龙点睛的作用。

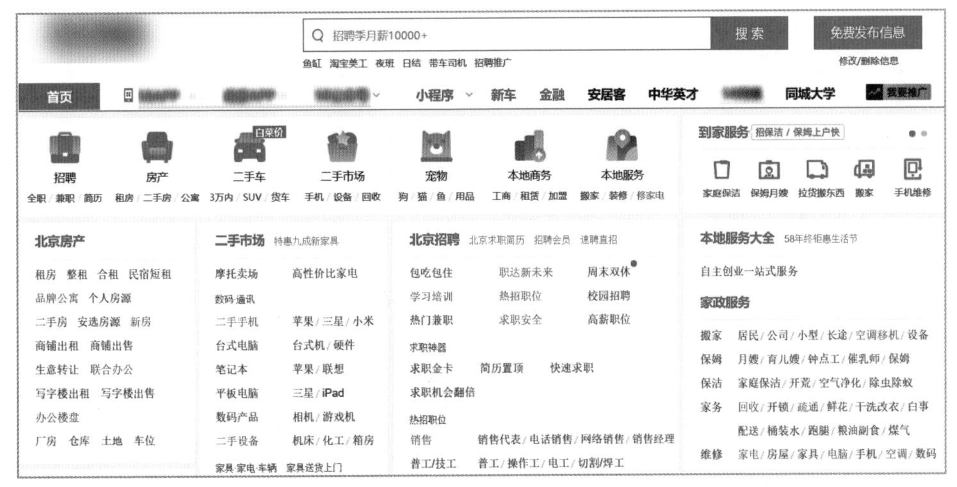


图4-69 对比色色彩搭配

（4）暖色色彩搭配

暖色色彩搭配是指使用红色、橙色、黄色等暖色的搭配。暖色的运用可为页面营造温暖和热情的氛围，如图4-70所示。

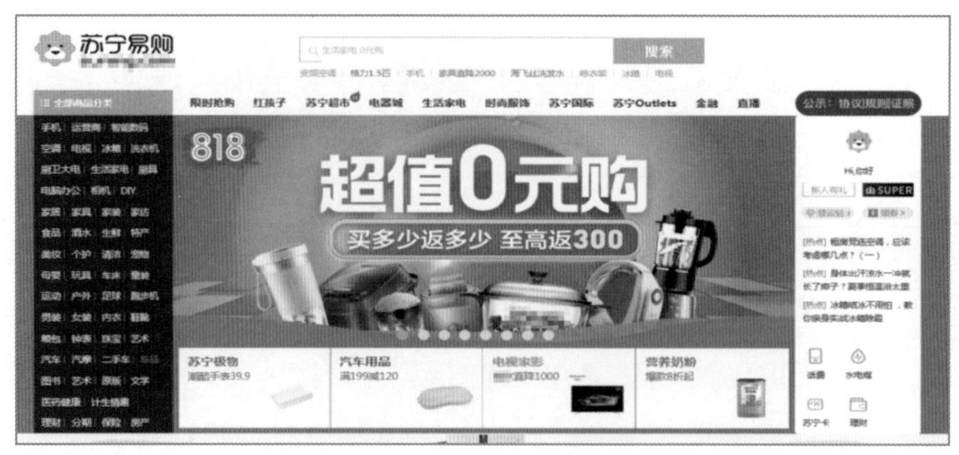


图4-70　暖色色彩搭配

（5）冷色色彩搭配

冷色色彩搭配是指使用绿色、蓝色及紫色等冷色的搭配。冷色的运用可以为页面营造宁静、清爽的氛围。冷色色彩与白色搭配一般会获得较好的视觉效果，如图4-71所示。

图4-71　冷色色彩与白色搭配

## 4.4.3　排版原则

页面是一种多元素并存的特殊媒介，既有文字、图片，又有视频、音频等。设计时必须要根据内容的需要，将各个元素按照一定的次序进行合理的编排和布局，使它们组成一个有机、有序的整体，使其成为与用户沟通的有效手段，而不仅仅是起到装饰的作用。

排版的方式决定了页面的特色，也决定了页面的整体视觉效果。合理的排版能增加页面的可读性、条理性和美观度。页面排版具有以下四项原则。

### 1. 对齐原则

页面上的各种元素、信息不能随意摆放，每个元素都应当与页面上的其他元素有某种视觉联系，这样才能建立清晰、有条理的观感。在图4-72所示的页面中，相似商品构成一个视觉单元，或者一个模块，不论模块与模块之间，还是同一模块中的图片与文字，都遵循了对齐原则。

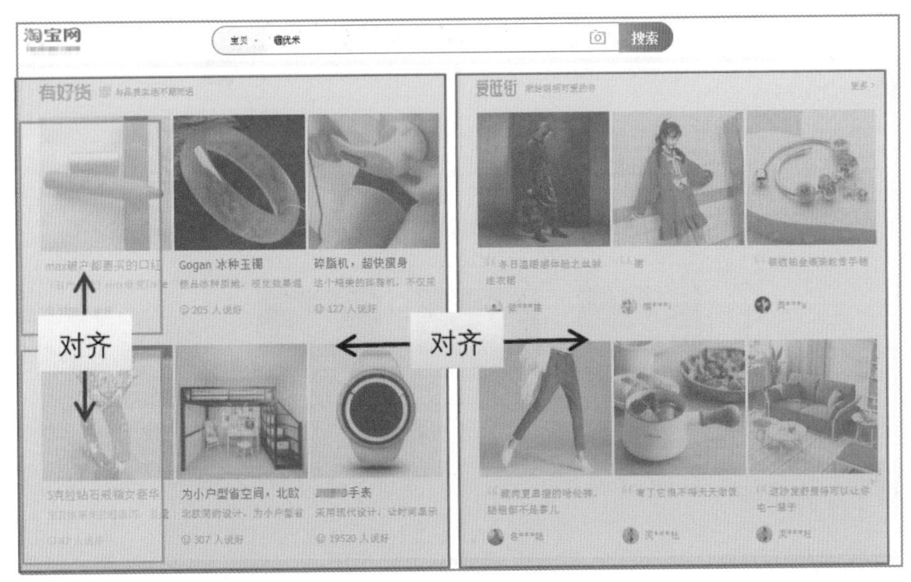


图4-72　对齐原则

### 2. 对比原则

如果页面中的所有模块都千篇一律，就会显得枯燥、乏味。这时可以考虑运用对比来增强视觉效果。比如文字、符号等元素的属性、空间等不能统一。在图4-73所示的页面中，纵向3个模块通过图文结合、文本描述和图形符号3种的不同形式展现不同的内容。

图4-73　对比原则

### 3. 聚拢原则

聚拢原则指的是页面中彼此相关的元素应当靠近、聚拢在一起。如果多个元素之间存在一定的亲密性，它们就会成为一个视觉单元，而不是多个孤立的元素。遵循聚拢原则助于设计师组织信息、减少混乱，为用户提供清晰的逻辑。在图4-74所示的页面中，模块1和模块2中都是相关元素构成的视觉单元。

图4-74　聚拢原则

### 4. 重复原则

重复原则指的是让某些视觉要素在页面中重复出现，如重复颜色、形状、材质、空间关系、线宽、字体、大小和图片等。这样可以加强页面的统一性，如图4-75所示。

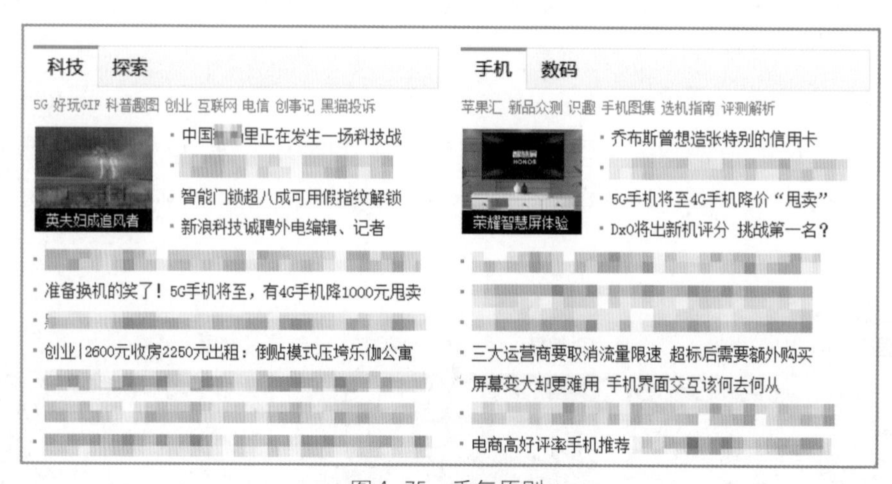


图4-75　重复原则

## 4.4.4　项目实战——“至尚装饰公司”页面主体设计

本小节将结合前面所学的理论知识，完成“至尚装饰公司”网站的页面主体设计，加深大家对页面主体设计方法和制作流程的理解。

### 1. 设计思路

本项目要设计装饰公司网站的页面主体效果。首先要从用户心理出发，把用户最想要、最关心的信息展示出来。装修需要一笔不少的开销，用户必然想要得到满意的回报，效果图就是装饰公司最有效的展示手段。因此，页面可以以图片为主体，配以简要的文字说明。在色彩搭配上，可以采用浅色背景，衬托深色文字与图片。页面主体分为6个纵向排列的模块，每个模块以图片居中，文字分别在左侧或右侧显示，既井然有序，又可避免千篇一律。最终效果如图4-76所示。

图4-76 页面主体效果

## 2. 模块设计

（1）“装修计算器”模块

“装修计算器”模块设计1

“装修计算器”模块设计2

装修预算通常是用户的第一考虑要素，本页面主体的第二个模块要呈现的就是装修计算器，效果如图4-77所示。

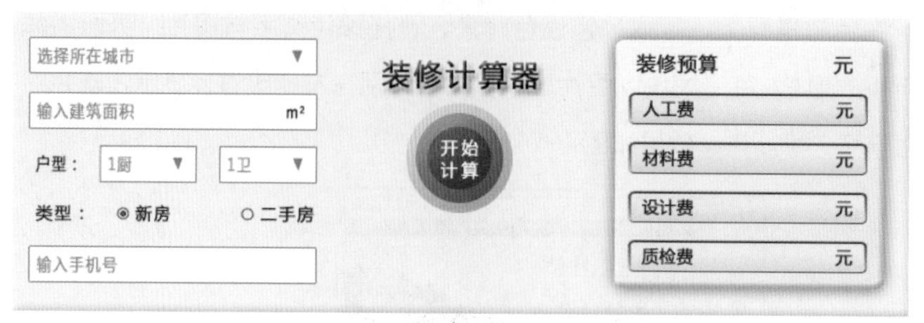


图4-77 装修计算器设计效果

“装修计算器”模块的制作步骤如下。

①打开Photoshop CS6，新建文件，装修计算器的背景尺寸为760像素×244像素，颜色为浅灰色（#EEEEEE），并为文字图层添加“枕状浮雕”效果，效果如图4-78所示。

图4-78 装修计算器背景

②为装修计算器左侧的表单项目制作下拉列表、单选按钮、单行文本框，效果如图4-79所示。

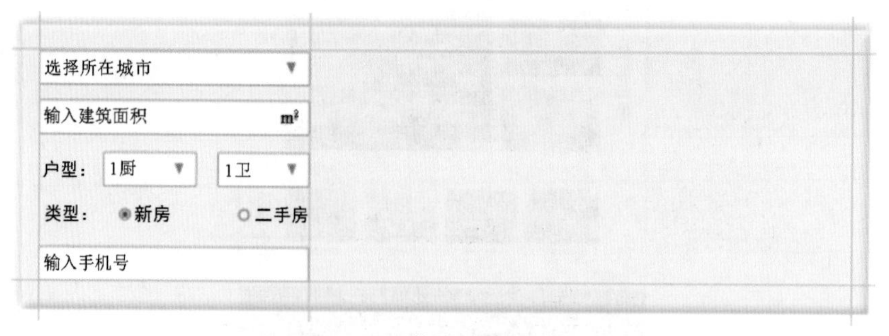


图4-79 装修计算器左侧

③装修计算器右侧为预算显示，为每一项预算费用制作一个圆角矩形，并模拟计算器的绿色背景，效果如图4-80所示。

④在页面中间制作一个计算按钮，用渐变的红色光环突出显示，效果如图4-81所示。

图4-80　装修计算器右侧

图4-81　计算按钮

(2)“装修流程”模块

“装修流程”模块用于展示装修流程。如果单纯用文字描述这一流程，往往容易被人忽视，而利用UI图标就可以将流程清晰、醒目地展示给用户。在设计UI图标时，原则是简单、清晰，容易识别。

“装修流程”模块设计

①制作“进店洽谈”图标

进店洽谈，不管是刚见面，还是洽谈结束，人们一般会礼貌性地握手，如图4-82所示。“进店洽谈”图标即采用这个创意进行设计，效果如图4-83所示。

图4-82　握手图片

图4-83　“进店洽谈”图标

②制作“签订合同”图标

通常签订合同的最后一道工序是盖章，以示合同生效，如图4-84所示。“签订合同”图标即体现这个含义，效果如图4-85所示。

图4-84　合同章图片

图4-85　“签订合同”图标

③制作其他UI图标

接下来设计其他UI图标，按顺序排列在浅灰色(#EEEEEE)背景中。背景尺寸为960像素×220像素，效果如图4-86所示。

图4-86 “装修流程”设计效果

（3）“精装案例”模块

“精装案例”模块设计

①“精装案例”模块的背景尺寸为960像素×360像素，布局以展示效果图为主。左侧空间分配给主题文字，右侧的图片区域分为横向并排的3组，占绝对主导地位的图片在上方，下方的文字只起到辅助说明的作用，效果如图4-87所示。

主题文字

| 图片 | 图片 | 图片 |
| --- | --- | --- |
| 说明文字 | 说明文字 | 说明文字 |

图4-87 “精装案例”模块布局

②在图片位置摆放具有代表性的效果图，并为图片添加外发光效果。图片下方的说明文字为小区名称、装修风格和建筑面积。

③为左侧的主题文字添加浮雕和投影效果，最终效果如图4-88所示。

精装案例

更多>>

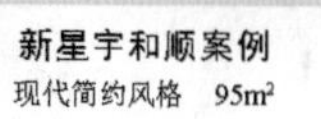

图4-88 “精装案例”模块效果

（4）其他模块

其他模块设计

①“环保材料”模块的背景尺寸为960像素×580像素，主题文字显示在模块最右侧，主体图片呈纵向3行显示，最终效果如图4-89所示。

图4-89 “环保材料”模块效果

② “软装效果”模块的背景尺寸为960像素×410像素，主题文字显示在最左侧，主体图片以大小不同的布局显示，最终效果如图4-90所示。

图4-90 “软装效果”模块效果

“软装效果”
模块设计

③ “热装小区”模块的背景尺寸为960像素×260像素，主题文字显示在最右侧，主体图片以1行4列形式均匀排列，最终效果如图4-91所示。

图4-91 “热装小区”模块效果

“热装小区”
模块设计

# 4.5 页脚设计

虽然页脚在整个页面中并非最引人注目的部分，在需求中的优先级也不高，不是整个页面设计的核心，但是它依然是整个页面不可或缺的部分。页脚是对页面功能的补充和完善，尤其对于大型网站，页脚的信息组织也十分重要。

## 4.5.1 页脚信息

页脚信息通常包括以下3项内容。

### 1. 网站导航信息

在页脚中可以将一些重要的链接按照类别分组管理，展示网站导航信息，帮助用户找到他们想寻找的相关内容。图4-92所示为页脚中的网站导航信息。

©2019 在线 版权所有 公司简介 | 公司历程 | 营销推广 | 媒体合作 | 品牌大全 | 帐号注册 | 招聘信息 | 联系方式 | 隐私声明 | 站点地图 | 反馈纠错

图4-92 网站导航信息

### 2. 联系信息

页脚还可以展示企业的工作时间、客服电话、地址等联系信息，如图4-93所示。

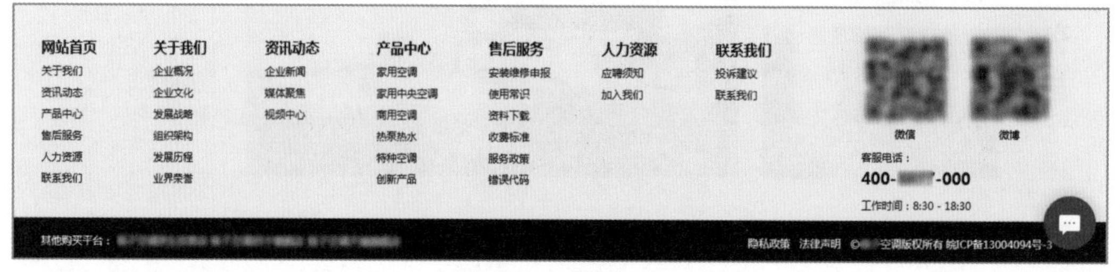


图4-93 联系信息

### 3. 网站版权信息

网站版权信息是网站建设的构成部分，也是网站的重要组成部分，如图4-94所示。网站版权信息通常在页面底部单独作为一行，也可以将其置于页脚。

此外，页脚中还可以展示免责声明、二维码等内容。

ICP 沪B2-20 商务咨询有限公司
隐私条款
© 2019.版权所有.

图4-94 网站版权信息

### 4.5.2 页脚设计原则

页脚虽然不是页面中优先设计的部分，最主要的内容不会安排在这里，但设计时也要让页脚中有限的元素一目了然，确保页脚是基本信息和设计元素的有效组合。在进行页脚设计时需要注意5个原则。

#### 1. 统一性

页脚设计应该与整个页面的设计风格相符，确保图形元素一致。不要为页脚添加不合适的边框、不匹配的元素等，这是很常见的错误。

#### 2. 简易性

在处理大量页脚信息时，因为空间有限，简易就显得尤为重要。设计页脚时要精选元素，并有规划地组织必要信息，方便用户阅读，如图4-95所示。

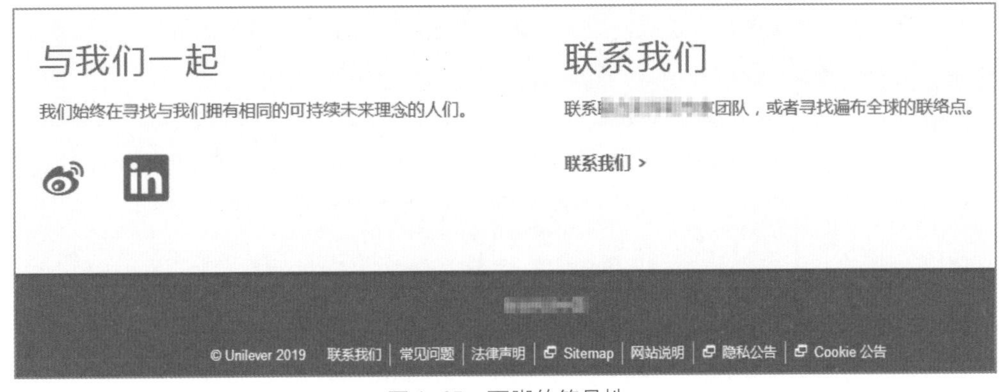


图4-95 页脚的简易性

#### 3. 对比性

页脚的区域通常都很小，这就使文字、图形与背景之间的对比变得非常重要，以突出重点。应选择高对比的色彩，如深色背景、浅色文字，尽量避免使用过多的颜色或华丽的字体，如图4-96所示。

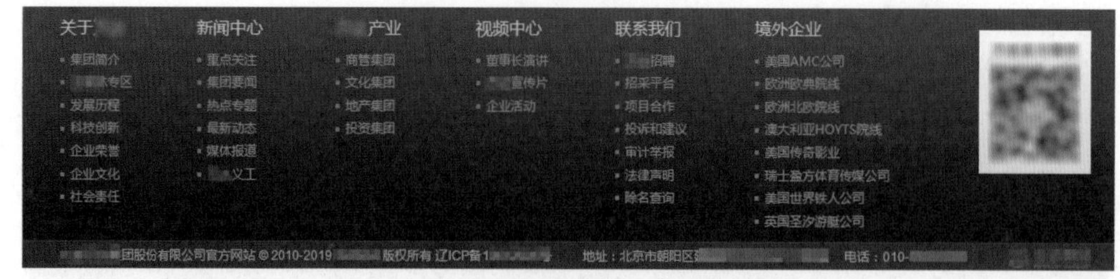


图 4-96　页脚的对比性

## 4. 空间性

页脚通常都在页面底端较小的区域里，空间性的体现很重要。给页脚中的每个元素都留出足够的间距，可以让页脚看起来更宽松、舒畅，可读性强，如图 4-97 所示。

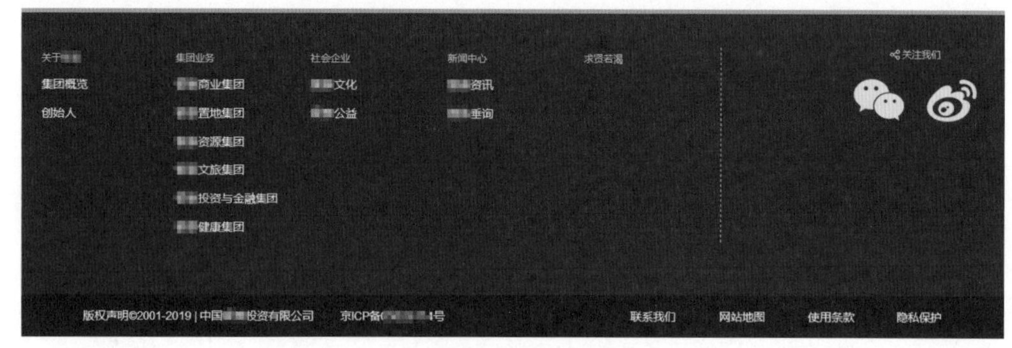


图 4-97　页脚的空间性

## 5. 层次性

页脚中的元素应该具有层级。重要元素，如网站导航信息、联系信息等，应该突出显示；标准的信息，如版权信息，则不用突出显示，如图 4-98 所示。

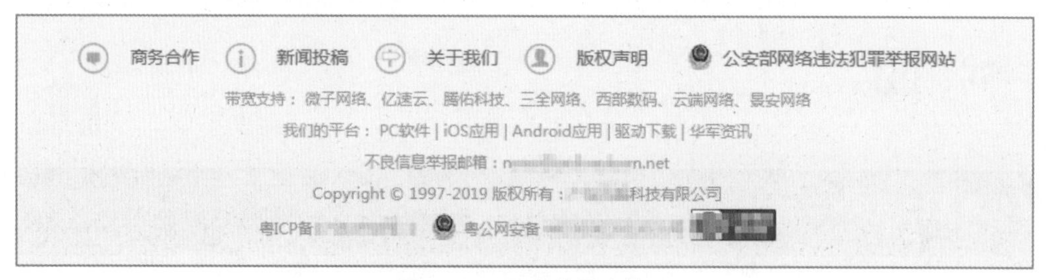


图 4-98　页脚的层次性

### 4.5.3　项目实战——“至尚装饰公司”页脚设计

本小节将结合前面所学的理论知识，完成“至尚装饰公司”网站的主页页脚设计，加深大家对页脚设计方法的理解。

### 1. 设计思路

本项目采用深色背景、浅色文字营造视觉上的对比效果，设置网站导航信息、联系信息、二维码、免责声明、网站版权信息等内容单独成行、居中显示，使页脚结构清晰、层次分明，如图4-99所示。

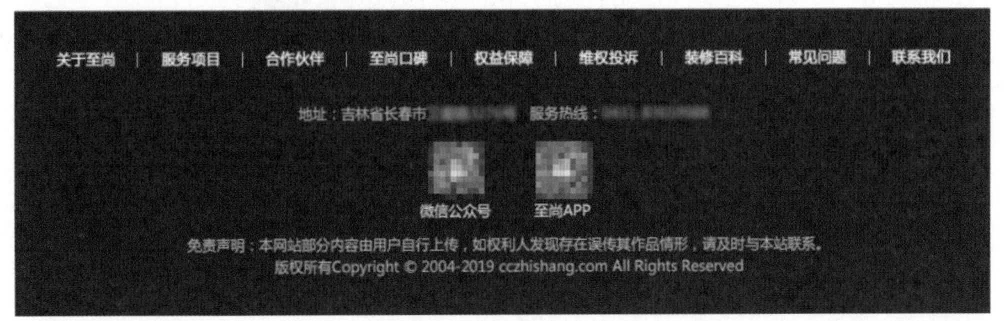


图4-99 页脚设计

### 2. 制作过程

①打开Photoshop CS6，新建文件，大小为960像素×290像素，背景颜色为“#333333”，并创建3条参考线，距左右40像素，距顶部36像素。

页脚制作

②创建“关于至尚”等9个导航项，文字大小为14像素，粗体显示，文字与两端参考线对齐，所有文字水平居中分布。然后再创建8条尺寸为1像素×14像素的竖线，分别放在导航项之间，如图4-100所示。

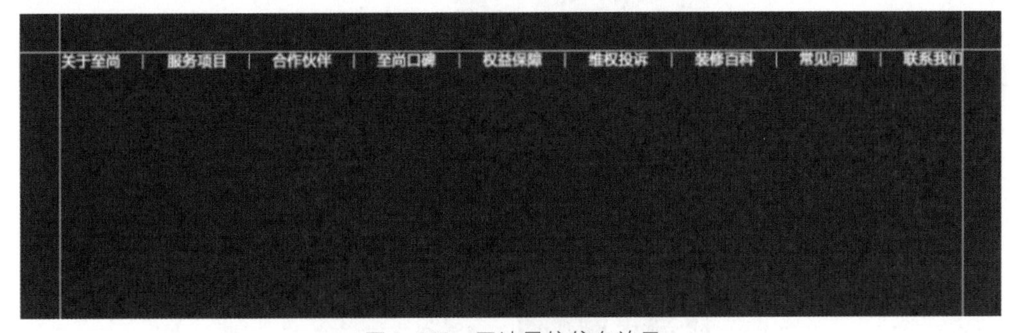


图4-100 网站导航信息效果

③依次将联系信息、免责声明、网站版权信息文字以12号字号、不加粗显示，水平居中。两个二维码并排居中，摆放在联系信息和免责声明之间。

页脚设计完毕，“至尚装饰公司”网站页面效果如图4-101所示。

图4-101 “至尚装饰公司”网站页面效果

# 4.6 网页效果的实现



页面主体设计完成后，可以运用HTML、CSS实现页面的搭建和美化，实现网页效果。超文本标记语言（Hyper Text Markup Language，HTML）是一门描述性语言，用于定义文档内容结构，非常容易入门。用HTML编写的代码通常会被浏览器解析执行。层叠样式表（Cascading Style Sheets，CSS）用于定义HTML文档的样式，可以控制布局和元素的显示方式。

## 4.6.1 HTML基础

HTML通过超链接方式将文本中的文字、图表与其他信息媒体相关联。它包括一系列标记，通过这些标记可以将网络中的文档格式统一，使分散的Internet资源聚合为一个逻辑整体。

图4-102所示为HTML的基本结构。

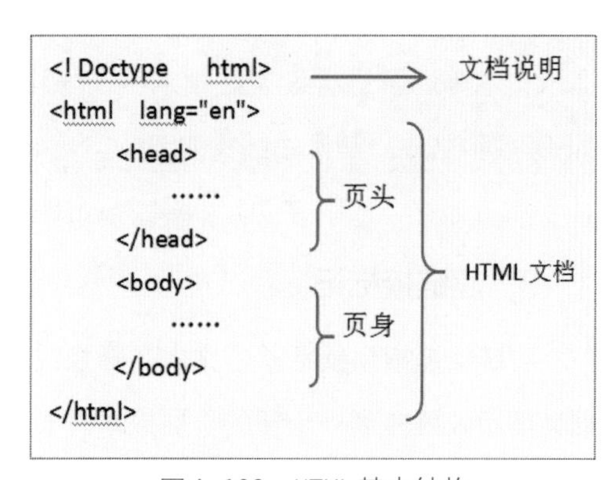

图4-102 HTML基本结构

“文档说明”就是声明这是一个HTML文档。在一个HTML文档中，必须包含<html></html>标记，用于告诉浏览器，整个网页内容呈现于此。<head></head>标记包含HTML文档的页头信息，如文档标题、样式定义、字符集约束等特殊内容。<body></body>标记包含HTML文档的页身部分，即网页内容，如文本、图像、视频、表单元素、表格等，在浏览器中可以直观感受到。

下面介绍HTML中的常用元素。

### 1. 段落与文本类标记

在HTML中，用各种标记对段落和文本进行排版：如果要把文字有条理地显示出来，离不开段落标记<p>；文档的标题分为6个级别，各级别分别由<h1>到<h6>标记来定义，其中<h1>代表最高级别的标题，依次递减；还有一些文本格式化标记用来设置文本以特殊的方式显示，如加粗标记、斜体标记、上下标标记等。段落与文本类标记如表4-1所示。

段落与文本类标记

表4-1　段落与文本类标记

| 名称 | 标记 |
| --- | --- |
| 段落标记 | <p></p> |
| 一级标题标记 | <h1></h1> |
| 二级标题标记 | <h2></h2> |
| 三级标题标记 | <h3></h3> |
| 四级标题标记 | <h4></h4> |
| 五级标题标记 | <h5></h5> |
| 六级标题标记 | <h6></h6> |
| 文本加粗标记 | <b></b>和<strong></strong> |
| 文本斜体标记 | <i></i>和<em></em> |
| 文本删除线标记 | <s></s>和<del></del> |
| 上标标记 | <sub></sub> |
| 下标标记 | <sup></sup> |
| 换行标记 | <br/> |
| 水平线标记 | <hr/> |

### 2. 图像标记

图像标记

利用<img>标记可以在网页中插入图像，并对图像的宽度、高度、提示文本等内容进行设定。插入的图像可以是JPG、BMP、TIFF、PNG、GIF等多种格式。其语法结构如下。

```
<img src=" " alt=" " title=" " width=" " height=" ">
```

### 3. 超链接标记

超链接标记

超链接是指用鼠标单击文本、图像或其他网页元素时，浏览器会根据其指示，跳转到一个新的页面或本页面某一指定的位置。其语法结构如下。

```
<a href="跳转目标" target="目标窗口的弹出方式">
```

文本或其他网页元素的语法结构如下。

```
</a>
```

### 4. HTML列表

HTML列表

列表是网页中一种常用的数据排列方式，它的特点是整齐、整洁、有序。HTML中的列表共有3种类型，分别是无序列表、有序列表、自定义列表。

（1）无序列表

无序列表的各个列表项之间没有顺序、级别之分，是并列的。其基本语法结构如下。

```
<ul>
    <li>列表项1</li>
    <li>列表项2</li>
    <li>列表项3</li>
    ......
</ul>
```

（2）有序列表

有序列表为有排列顺序的列表，各列表项按照一定的顺序排列、定义。其基本语法结构如下。

```
<ol>
    <li>列表项1</li>
    <li>列表项2</li>
    <li>列表项3</li>
    ......
</ol>
```

（3）自定义列表

自定义列表是一组带有特殊含义的列表，每个列表项中都包含“标题”“说明”两部分。其基本语法结构如下。

```
<dl>
    <dt>标题</dt>
    <dd>说明1</dd>
    <dd>说明2</dd>
    ......
</dl>
```

### 5. HTML表格

HTML表格

表格由多个单元格成行成列、有次序的排列。表格是用<table></table>标记来定义的，<tr></tr>是行标记，<td></td>是列标记。在HTML中，列包含于行当中，因此需要先定义行才能定义列。其语法结构如下。

```
<table>
    <caption>表格标题</caption>
    <tr>
```

```
            <th>表格表头</th>
            <td>单元格内容</td>
            <td>单元格内容</td>
        ……
        </tr>
        ……
</table>
```

### 6. HTML表单

HTML表单用于从客户端搜集不同类型的用户输入信息（见图4-103），然后提交给服务器处理。表单是一个包含表单元素的区域。表单元素是允许用户在表单中输入的内容，如文本域、下拉列表、单选按钮、复选框等。

图4-103　表单

和HTML表单相关的标记如下。

（1）<form></form>标记

制作表单可使用<form></form>标记。其语法结构如下。

```
<form name=" " action=" " method=" ">
    表单控件
</form>
```

<input>标记1

（2）<input>标记

制作表单控件可使用<input>标记。其语法结构如下。

```
<input type=" " >
```

<input>标记2

（3）<select></select>标记

要制作下拉列表，就需要使用<select></select>标记。其语法结构如下。

<select></select>标记

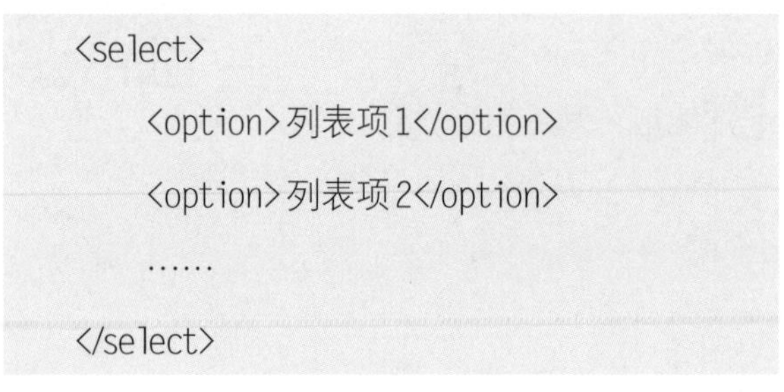

```
<select>
    <option>列表项1</option>
    <option>列表项2</option>
    ……
</select>
```

（4）<textarea></textarea>标记

<textarea>
</textarea>标记

利用<textarea></textarea>标记可以轻松地创建多行文本框，方便用户输入大量信息。其基本语法结构如下。

```
<textarea cols="每行中的字符数" rows="显示的行数">
文本内容
</textarea>
```

（5）<fieldset></fieldset>标记

<fieldset>
</fieldset>标记

在HTML中，可以利用<fieldset></fieldset>标记，把多个表单控件组合在一起，限定在某个区域，并有条理地组织起来，即生成表单域，如图4-104所示。

其语法结构如下。

```
<fieldset>
    <legend>组合表单标题</legend>
    表单控件
</fieldset>
```

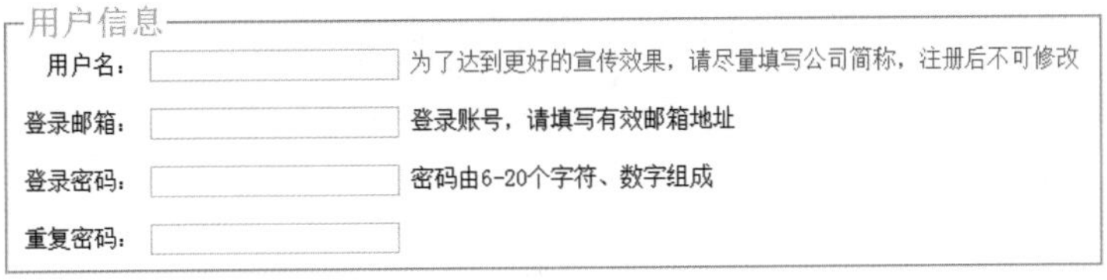

用户信息

| | | |
|---|---|---|
| 用户名： | | 为了达到更好的宣传效果，请尽量填写公司简称，注册后不可修改 |
| 登录邮箱： | | 登录账号，请填写有效邮箱地址 |
| 登录密码： | | 密码由6-20个字符、数字组成 |
| 重复密码： | | |

图4-104　表单域

## 4.6.2　CSS技术

CSS提供了丰富的文档样式，可以设置文本和背景属性；允许为任何元素创建边框，允许更改元素边框与其他元素间的外部间距，以及元素边框与元素内容间的内部间距；允许随意改变文字的大小写方式、修饰方式及其他页面效果。其语法结构如下。

```
选择器{
    属性：值；
    属性：值；
    ……
}
```

常用的CSS技术如下。

## 1. CSS选择器

基础选择器

复合选择器

CSS选择器是一种模式，用于选择需要添加样式的元素。CSS选择器可以分为两大类：一类是基础选择器，如标记选择器（见图4-105）、类选择器、ID选择器、属性选择器等；另一类是复合选择器，如标记指定式选择器、后代选择器、并集选择器、子选择器、相邻选择器、多层选择器等。

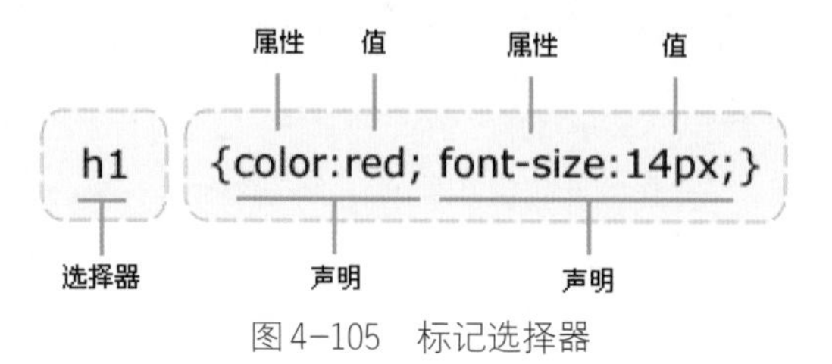


图4-105　标记选择器

## 2. CSS样式表

CSS样式表

当读到一个CSS样式表时，浏览器会根据它来格式化HTML文档。CSS样式表有以下3种。

（1）外部样式表

当样式需要应用于很多页面时，外部样式表是理想的选择。在使用外部样式表的情况下，可以通过改变一个文件来改变整个网站的外观。每个页面都使用<link>标记链接到外部样式表。

（2）内部样式表

当单个文档需要特殊的样式时，应该使用内部样式表。可以使用<style>标记在<head></head>标记内定义内部样式表。

（3）内联样式

当样式仅需要在一个元素上应用一次时，可以混合在HTML标记中使用，直接在HTML标记里添加style属性，对某个标记单独定义样式。内联样式在实现CSS样式时，优先级最高。

## 3. CSS伪类

CSS伪类

CSS伪类用于添加一些选择器的特殊效果，如可以为超链接的不同状态添加不同的颜色效果。其语法结构如下。

```
a:link {color: #FF0000}          /* 未访问的链接颜色为红色 */
a:visited {color: #00FF00}       /* 已访问的链接颜色为绿色 */
```

```
a:hover {color: #FF00FF}   /* 鼠标指针移动到链接上颜色为粉色 */
a:active {color: #0000FF}  /* 选定的链接颜色为蓝色 */
```



### 4. 背景设置

CSS背景

CSS允许应用纯色作为背景，也允许使用背景图像创建相当复杂的效果。CSS在这方面的能力远在HTML之上。常用的背景属性及描述如表4-2所示。

表4-2 常用的背景属性及描述

| 属性 | 值 | 描述 |
| --- | --- | --- |
| background-color | red/十六进制/rgb/rgba | 设置背景颜色 |
| background-image | url(" ") | 设置背景图片 |
| background-repeat | repeat/no-repeat/repeat-x/repeat-y | 设置背景平铺 |
| background-position | left/right/center/top/bottom/数值 | 设置背景位置 |
| background-attachment | scroll(默认值)/fixed | 设置背景是否固定 |

### 5. CSS盒模型

CSS盒模型用于处理元素、内边距、边框和外边距，如图4-106所示。盒模型的最里面是元素；直接包围元素的是内边距，内边距呈现了元素的背景；内边距的边缘是边框；边框以外是外边距，外边距默认是透明的，因此不会遮挡其外的任何元素。换句话说，背景应用于由元素和内边距、边框组成的区域，外边距不受背景的影响。

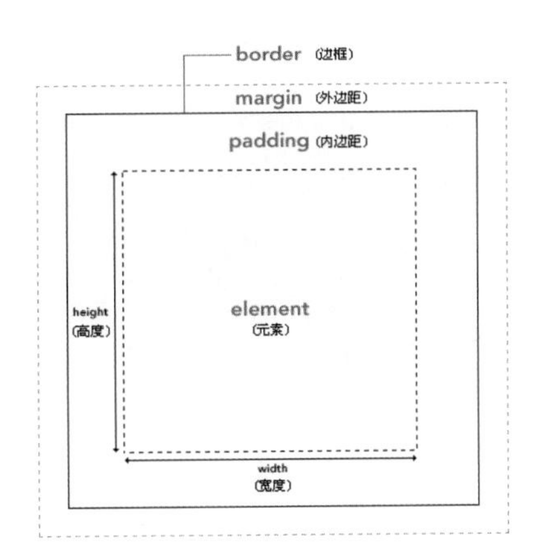

图4-106 CSS盒模型

在CSS中，width和height分别指的是元素区域的宽度和高度。增加内边距、边框和外边距不会影响元素区域的尺寸，但是会增加CSS盒模型的总尺寸。内边距、边框和外边距可以应用于一个元素的所有边，也可以应用于单独的边。

下面具体介绍边框、内边距和外边距属性。

(1) 边框

CSS边框

元素的边框（border）是围绕元素和内边距的线，允许设定元素边框的样式、宽度和颜色。其属性及描述如表4-3所示。

表4-3 边框的属性及描述

| 属性 | 值 | 描述 |
| --- | --- | --- |
| border-width | medium/thin/thick/length | 设置边框宽度 |
| border-style | none/hidden/solid/dashed/dotted | 无边框/隐藏边框/实线/虚线/点线 |
| border-color | red/十六进制/rgb/rgba | 设置边框颜色 |

CSS样式可以为盒模型单边设置属性。它们的原理与四条边全设置属性相同，如利用<p></p>标记为上边框设置红色、2像素的实线效果。其语法结构如下。

```
p{
    border-top: #ff0000 solid 2像素;
}
```

（2）内边距

元素的内边距（padding）属性定义边框与元素之间的空白区域。padding属性接受长度值或百分比值，但不允许使用负值。当给定padding 1~4个不同的属性值时，产生的效果也有所不同，如表4-4所示。

CSS内边距

表4-4 padding属性描述

| padding属性取值 | 内边距描述 |
| --- | --- |
| 10像素 | 4个方向都是10像素 |
| 10像素、40像素 | 上下方向10像素，左右方向40像素 |
| 10像素、40像素、20像素 | 上10像素，左右方向40像素，下20像素 |
| 10像素、20像素、30像素、40像素 | 上10像素，右20像素，下30像素，左40像素 |

也可以为上、下、左、右4个方向的内边距，分别设置4个单独的属性，如上内边距为padding-top。

（3）外边距

围绕边框的空白区域是外边距（margin）。设置外边距会在元素外创建额外的“空白”。margin属性接受任何长度单位、百分比值甚至负值。与内边距的设置相同，这些值是从上外边距（margin-top）开始围着元素顺时针旋转来设定顺序的。

CSS外边距

当两个垂直外边距相遇时，第一个元素的下外边距（margin-bottom）与第二个元素的上外边距会发生合并。边距合并问题只发生在块级元素之间。合并后的外边距等于两个发生合并的外边距的较大者，如图4-107所示。

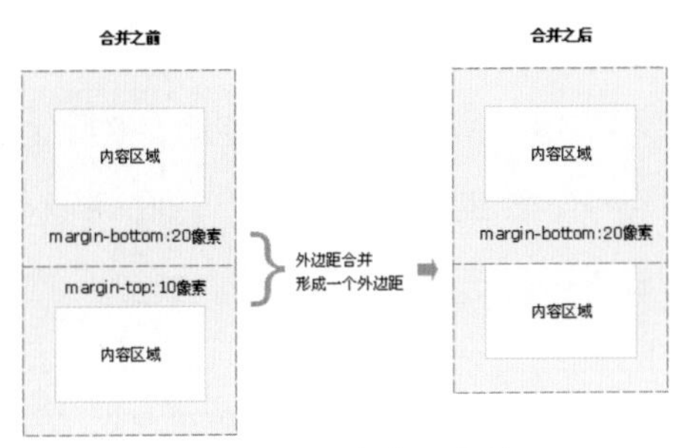


图4-107　外边距合并

盒模型发生嵌套关系时，外边距也会出现塌陷合并问题。当一个元素包含在另一个元素中时（假设没有内边距或边框把外边距分隔开），它们的上外边距或下外边距也会发生合并，如图4-108所示。解决方法是给父元素设置边框属性，或给父元素设置（overflow）属性，取值为（hidden）。

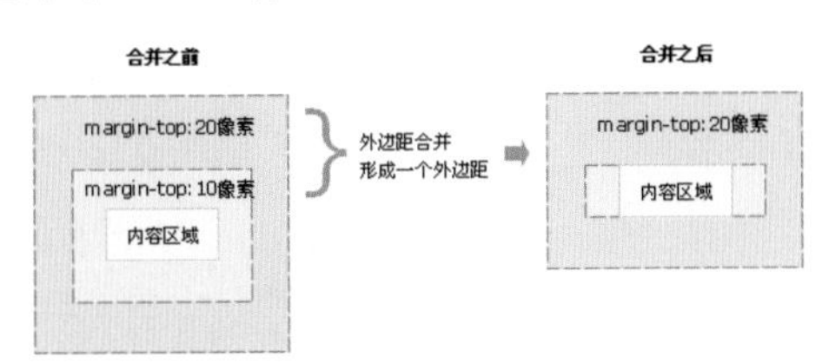


图4-108　外边距塌陷

## 6. CSS浮动

浮动的元素可以向左或向右移动，直到它的外边缘碰到包含的元素或另一个浮动元素的边框为止。由于浮动框不在标准文档流中，所以标准文档流中的块框表现得就像浮动框不存在一样。其语法结构如下。

CSS浮动

```
float:left / right;
```

有3个方形框按标准文档流形式显示，如图4-109所示。当把框1向右浮动时，它脱离文档流并且向右移动，直到它的右边缘碰到包含框的右边缘，如图4-110所示。由于框1设置右浮动，脱离了文档流的显示方式，不占据文档空间，因此下面文档流显示的框2和框3会自动补充框1原来的位置，继续显示。

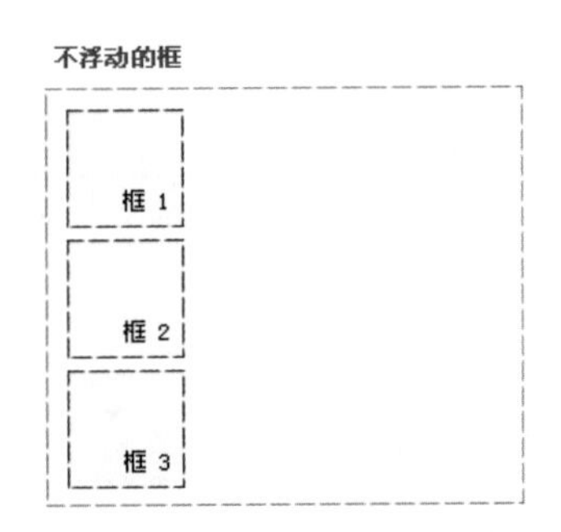


图4-109　文档流显示3个框

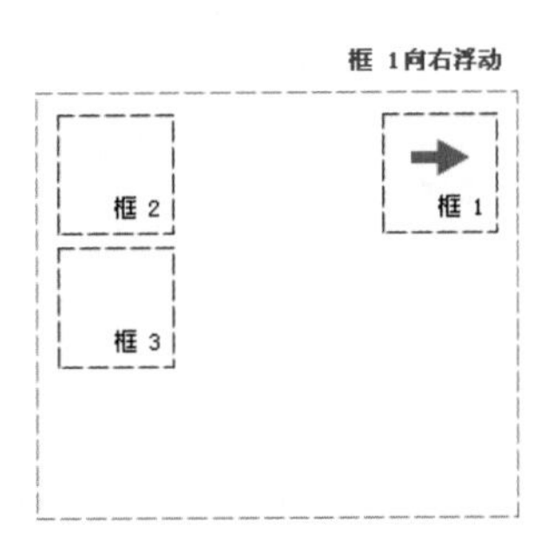


图4-110　框1向右浮动

当框1向左浮动时，它脱离文档流并且向左移动，直到它的左边缘碰到包含框的左边缘。因为它不再处于文档流中，所以它不占据空间，实际上覆盖住了框2，使框2从视图中消失，如图4-111所示。如果3个框都向左浮动，那么框1向左浮动直到碰到包含框，另外两个框向左浮动直到碰到前一个浮动框，如图4-112所示。

图4-111　框1向左浮动

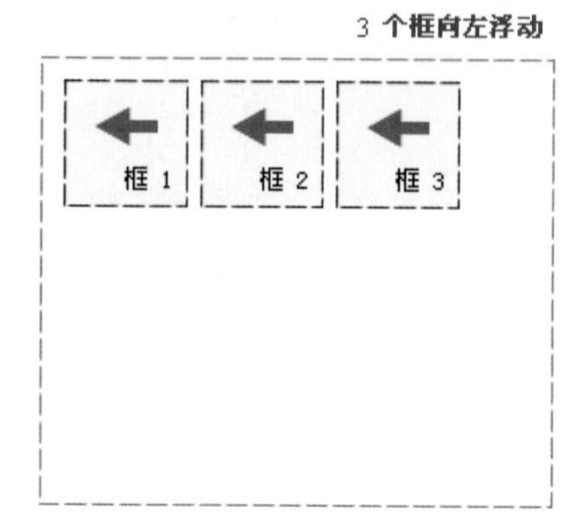


图4-112　3个框都向左浮动

### 7. CSS定位

CSS定位

网页中的各元素都需要有自己合理的显示位置，从而搭建整个页面结构，在CSS中，可以用position属性为元素指定定位的类型。其语法结构如下。

```
Position: static / absolute / relative / fixed;
left/ right: length;
top / bottom: length;
```

position属性及描述如表4-5所示。

表4-5　position属性及描述

| position属性值 | 描述 |
| --- | --- |
| static | 默认值，无特殊定位，按标准文档流显示，不能通过z-index属性进行层次分级 |
| absolute | 绝对定位，脱离标准文档流显示，可以将文档中的某个元素从其原本位置上移除，并重新定位在期望的任何地点之上，定位参照物取决于父元素的定位设置，可以通过z-index属性进行层次分级 |
| relative | 相对定位，按标准文档流显示，相对于本身位置进行偏移，可以通过z-index属性进行层次分级 |
| fixed | 固定定位，脱离标准文档流显示，相对浏览器窗口进行定位 |

### 4.6.3 其他开发工具

除了HTML和CSS，还有其他一些开发工具可用于实现网页效果。下面介绍常用的3种工具。

#### 1. Dreamweaver

Dreamweaver由美国的Macromedia公司开发（后被Adobe公司收购）。它是集网页制作和管理网站功能于一体的所见即所得的网页代码编辑器。利用Dreamweaver对HTML、CSS、JavaScript等内容的支持，UI设计师和程序员可以快速进行网站建设。对于网页制作初学者来说，Dreamweaver是理想的开发工具之一。

#### 2. Sublime Text

Sublime Text是一款跨平台的用于代码、标记和散文的精致文本编辑器软件。Sublime Text具有漂亮的用户界面和强大的功能，支持多种编程语言的语法高亮显示，拥有优秀的代码自动完成功能，支持多行选择和多行编辑功能。使用Sublime Text编写网页代码十分方便、高效。

#### 3. Fireworks

Fireworks由MacroMedia公司开发，是专为网络图形设计的图形编辑软件。利用Fireworks可以方便地完成大图切割，生成动态按钮、动态翻转图等，加速Web设计与开发。Fireworks是一款创建与优化Web图像、快速构建网站与Web界面原型的理想工具。

### 4.6.4 项目实战——“至尚装饰公司”网页搭建

本小节将结合前面所学的理论知识，搭建“至尚装饰公司”网页，使大家熟悉各种开发工具的使用方法。

#### 1. 设计思路

“至尚装饰公司”网站属于企业网站，可采用骨骼型的页面版式，以红色为主体色，整个页面清晰、整洁，使用户能很容易地找到所需的信息，突出可读性和易读性。

#### 2. 搭建步骤

（1）创建立站点文件夹

在本地磁盘中创建一个站点文件夹——WUI，将制作网页过程中需要的CSS文件、HTML文件、图像素材等内容整理好，如图4-113所示。

图4-113 站点文件夹

（2）切图

Fireworks切图

利用Fireworks，将4.4.4小节中制作好的网页端UI效果图进行切割，以备制作网页时使用。下面以切割一张“环保材料”模块中的“嘉宝莉漆”图片为例进行简要叙述。

①打开Fireworks，新建尺寸为1000像素×2000像素的文件，将至尚装饰效果图导入。

②将要切割的区域放大显示，建立4根参考线对齐图片边缘，如图4-114所示。选择左侧工具栏中的切片工具，将参考线内部区域选中，如图4-115所示。

图4-114　建立参考线

图4-115　选择切片工具

③在要切割的绿色区域上单击鼠标右键，在弹出的快捷菜单中选择“导出所选切片”命令，如图4-116所示。弹出的“导出”对话框如图4-117所示，设置图片名称及路径即可。

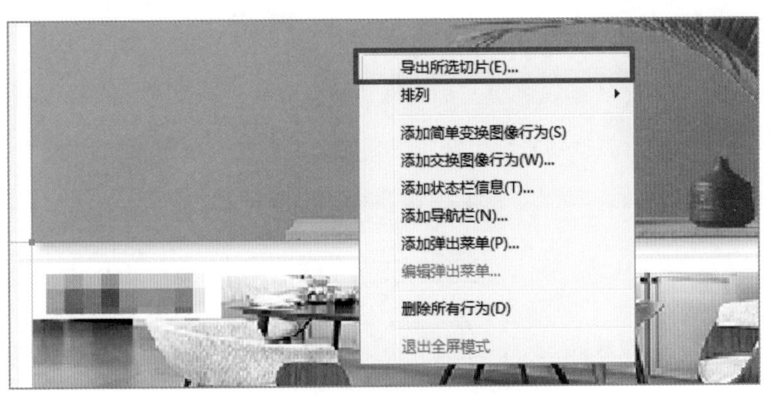


图4-116 切片工具快捷菜单

图4-117 导出图片设置

④用同样的方法可以对其他图片进行切割备用，如图4-118所示。

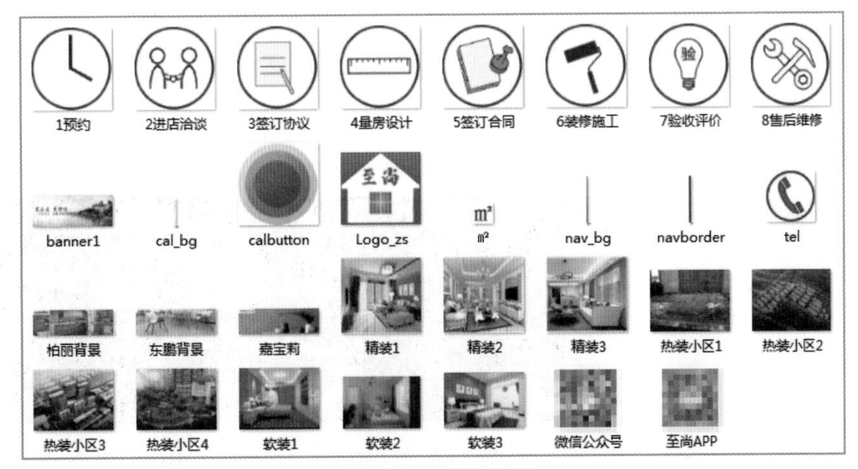


图4-118 所有切图

### 3. 静态网页制作

①利用Sublime Text编辑器编写静态网页。在“文件”菜单中选择“打开文件夹”命令，如图4-119所示。找到之前已经创建好的站点文件夹——WUI即可。

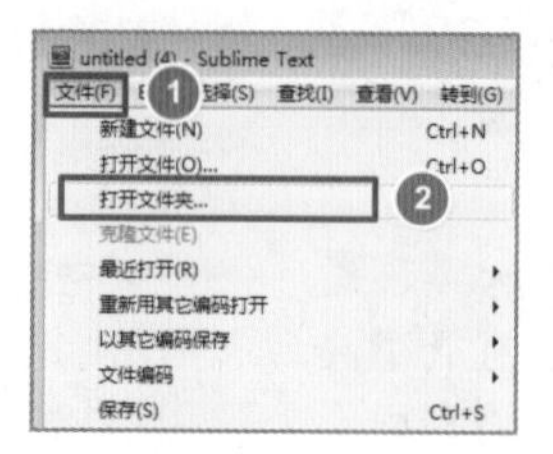


图4-119 选择“打开文件夹”命令

②在站点文件夹根目录下创建主页。首先在站点文件名称位置单击鼠标右键，在弹出的快捷菜单中选择“New File（新建文件）”命令，如图4-120所示。在编辑器下面会多出一个“File Name”文本框，在文本框内输入主页名称“index.html”，如图4-121所示，就可以建立一个新的HTML文件，如图4-122所示。

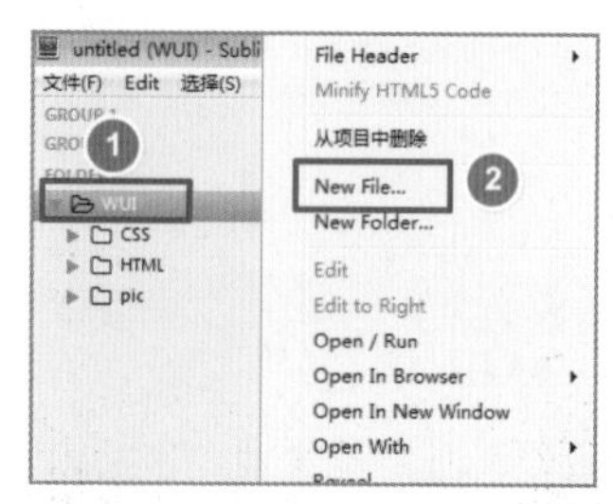


图4-120 选择“New File”命令

图4-121 输入主页名称

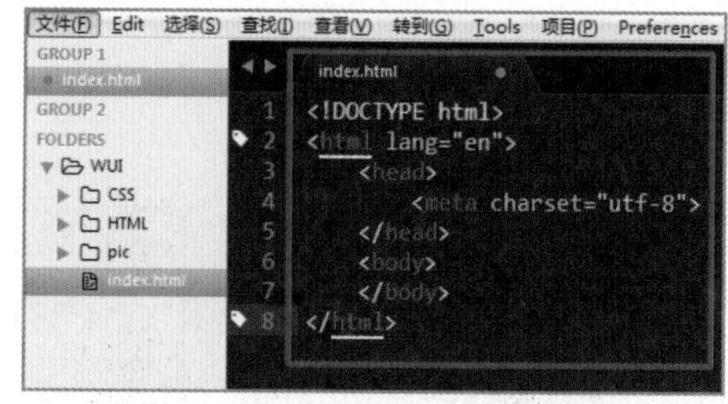


图4-122 新建的HTML文件

③同理，在CSS文件夹中建立两个CSS样式表（见图4-123）：一个是css_start.css，用于设置CSS样式初始化；另一个是index.css，用于设置主页的CSS样式。

④设置主页index.html的<head></head>标记，如图4-124所示。利用<title></title>标记实现网页标题内容，利用<link>标记在标题上加入图标，<meta>标记可以告诉搜索引擎本网站的关键词和内容描述，最下面的两个<link>标记用于实现将CSS样式表与HTML关联。

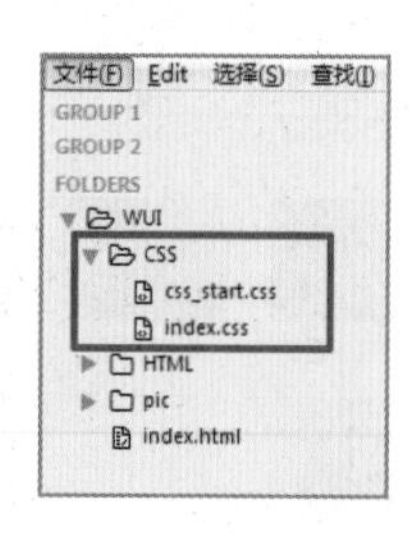


图4-123 建立两个CSS样式表

```
<head>
    <meta charset="utf-8">
    <title>至尚装饰_至尚生活 品质至尚</title>
    <link rel="icon" href="pic/Logo_zs.jpg">
    <meta name="keywords" content="装饰公司，长春装修公司">
    <meta name="description" content="长春找装饰，就上至尚装饰公司
，为装修业主提供家品质、更舒适的家庭装饰、商务空间装饰、店面装
饰、酒店宾馆装饰、别墅装饰等服务，至尚生活，品质至尚。" />
    <link rel="stylesheet" href="CSS/css_start.css">
    <link rel="stylesheet" href="CSS/index.css">
</head>
```

图4-124 <head></head>标记内容

⑤在css_start.css样式表中设置CSS样式初始化，如图4-125所示。将标记默认内外边距均清除，字体选用微软雅黑，去除所有超链接的下画线效果，清除无序列表的列表样式，将表单标记轮廓线清除，清除浮动造成的影响效果。

⑥将网页设置为一个有宽度的盒子（box），在这个盒子里面分为四部分，分别是顶部栏（nav）、Banner（banner）、网页主体（main）、网页页脚（footer），放在<body></body>标记内，如图4-126所示。

⑦设置顶部栏结构：先分为上下两部分，分别是nav_top和nav_bottom；在上面的nav_top中，再水平分成三部分，分别用来显示Logo、搜索栏和电话号码。HTML标记如图4-127所示。

顶部栏结构

```
body,h1,h2,h3,h4,h5,h6,p,ol,li,input,select,option{
    /* 去除标记内边距和外边距 */
    padding: 0;
    margin: 0;
    /* 默认字体设置为微软雅黑 */
    font-family: "微软雅黑";
}
/* 去除超链接下划线 */
a{
    text-decoration: none;
}

/* 去除无序列表的列表样式 */
ul{
    list-style: none;
}
/* 去除input标签的轮廓线 */
input{
    outline-style: none;
}
/* 清除浮动造成的影响 */
.clearfix:after{
    content: "";
    height: 0;
    line-height: 0;
    visibility: hidden;
    clear: both;
    display: block;
}
.clearfix{
    zoom: 1;
}
```

图4-125 CSS样式初始化

```
<body>
    <div class="box">                  <!-- 网页轮廓 -->

        <div class="nav">              <!-- 顶部导航栏 -->
        </div>

        <div class="banner">           <!-- banner部分 -->
        </div>

        <div class="main">             <!-- 网页主体内容部分 -->
        </div>

        <div class="footer">           <!-- 页脚部分 -->
        </div>

    </div>
</body>
```

图4-126 盒子的四部分

⑧在顶部栏的各部分中，再通过不同的标记显示不同的网页元素，如利用<img>标记显示Logo，利用<h2></h2>标记显示公司名称，利用<input>标记显示搜索栏，利用无序列表和<a></a>标记显示导航区等，如图4-128所示。

```
<div class="nav">                          <!-- 顶部导航栏 -->
    <div class="nav">                      <!-- 顶部导航栏 -->
        <div class="nav_top">              <!-- 上面LOGO+搜索+电话 -->
            <div class="nav_logo">         <!-- logo+文字 -->
            </div>
            <div class="nav_search">       <!-- 搜索栏部分 -->
            </div>
            <div class="nav_tel">          <!-- 联系电话部分 -->
            </div>
        </div>
        <div class="nav_bottom">           <!-- 导航栏内容 -->
        </div>
    </div>
</div>
```

图4-127 顶部栏初步结构

```
<div class="nav">                  <!-- 顶部导航栏 -->
    <div class="nav_top">          <!-- 上面LOGO+搜索+电话 -->
        <div class="nav_logo">     <!-- logo+文字 -->
            <img src="pic/Logo_zs.jpg" alt="公司LOGO" >
            <h2>至尚装饰</h2>
            <h4>家品质，更舒适</h4>
        </div>
        <div class="nav_search">   <!-- 搜索栏部分 -->
            <select>               <!-- 下拉列表 -->
                <option>家装案例</option>
            </select>
            <input type="text" value="请输入关键字">
            <input type="button" class="nav_button" value="搜索">
        </div>
        <div class="nav_tel">      <!-- 联系电话部分 -->
            <img src="pic/tel.jpg" alt="tel_pic">
            <h4>服务热线</h4>
            <p>0431-87659988</p>
        </div>
    </div>
    <div class="nav_bottom">       <!-- 导航栏内容 -->
        <ul>
            <li class="nav_first"><a href="#">网站首页</a></li>
            <li><a href="#">至尚装饰</a></li>
            <li><a href="#">精彩案例</a></li>
            <li><a href="#">设计团队</a></li>
            <li><a href="#">品牌保证</a></li>
            <li><a href="#">精修攻略</a></li>
            <li><a href="#">连锁加盟</a></li>
            <li><a href="#">联系我们</a></li>
        </ul>
    </div>
</div>
```

图4-128 顶部栏完整结构

⑨顶部栏的HTML结构搭建好后，按标记功能显示出来，并不具备美观的页面效果，如图4-129所示。

⑩要想美化当前网页，需要通过CSS进行外观设置，如要想Logo和公司名称文字同行显示，就需要给<img>标记添加浮动效果。Logo<img>标记的CSS样式如图4-130所示，Logo与文字的显示效果如图4-131所示。

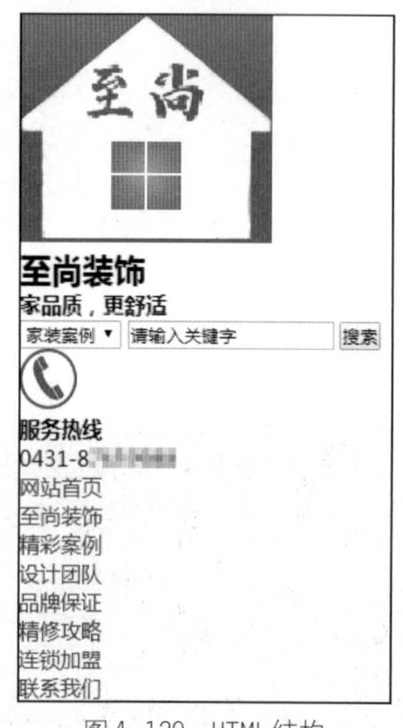


图4-129　HTML结构

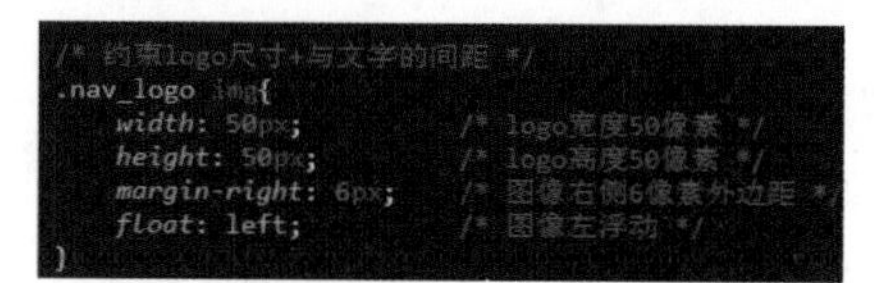

```
/* 约束logo尺寸+与文字的间距 */
.nav_logo img{
    width: 50px;              /* logo宽度50像素 */
    height: 50px;             /* logo高度50像素 */
    margin-right: 6px;        /* 图像右侧6像素外边距 */
    float: left;              /* 图像左浮动 */
}
```

图4-130　Logo<img>标记的CSS样式

图4-131　Logo与文字的显示效果

Banner部分、网页主体部分、页脚部分的HTML结构加起来有300多行，整个网页的CSS有500多行，这里不再一一说明。

综上所述，利用HTML可以搭建网页结构，但网页显示效果不理想，可以通过CSS进行美化，以达到在网页端UI设计中想呈现出的效果。

## 4.7　单元小结

在本单元中，主要介绍了网页端UI设计，具体包括导航栏、Banner设计、页面主体设计和页脚设计、网页效果的实现5部分内容，使大家对网页端UI设计有了初步的认识，对其设计流程有了大体的了解。在项目实战中，通过一个完整的装饰公司网页端

UI的设计，加深了大家对网页端UI设计的理解与掌握，为今后的设计实践奠定了一定的基础。

## 4.8 课后习题

请运用本单元所学的知识完成以下任务。

1．设计一个满版型网站的主页，效果如图4-132所示。

图4-132　满版型主页效果

2．设计在线课程网站的主页及二级页面，并搭建网页架构。主页参考效果如图4-133所示，二级页面参考效果如图4-134～图4-138所示。

图4-133　主页效果

图4-134　“关于我们”二级页面

图 4-135 “新闻动态”二级页面

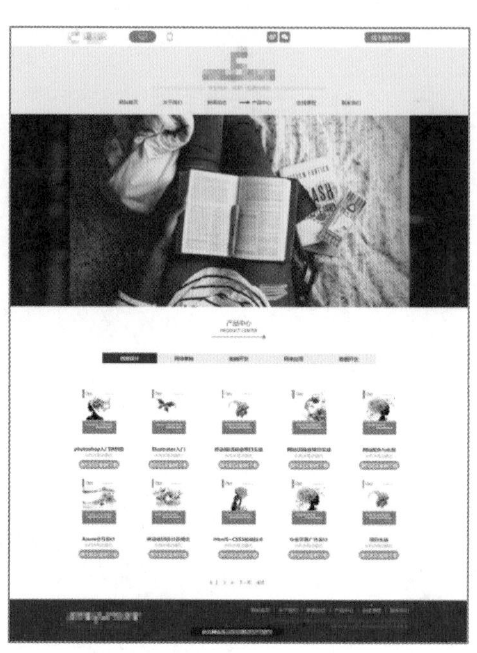

图 4-136 “产品中心”二级页面

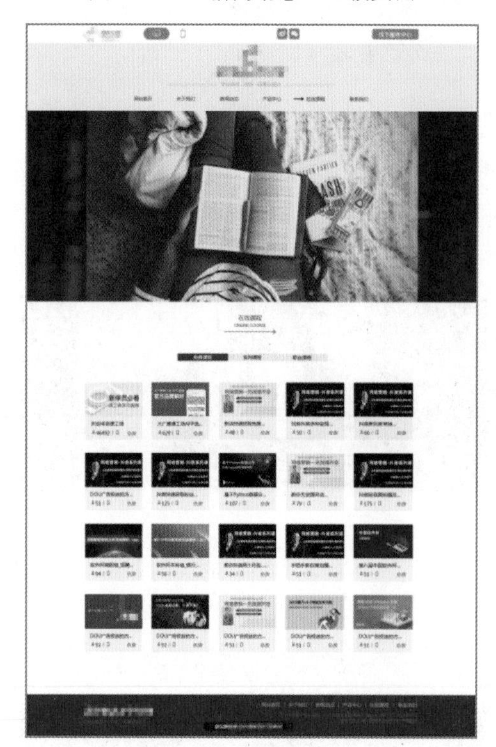

图 4-137 “在线课程”二级页面

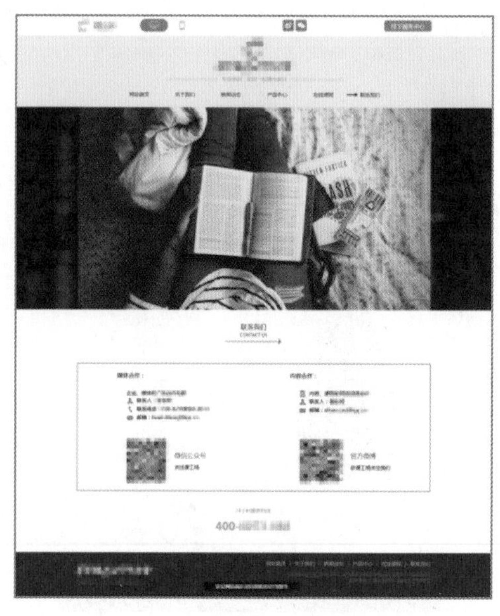

图 4-138 “联系我们”二级页面

05

# 第五单元　UI设计综合项目实战

- 网页端UI设计综合项目实战
- 移动端UI设计综合项目实战

随着手机的普及以及手机性能的提高，很多网站、游戏都开始将移动端作为移植对象，希望同一个App可以在不同的终端为用户服务。图5-1左图所示为网页端主界面，右图所示为移动端主界面。

图5-1 不同终端的主界面

可以看出，在两个主界面中，主题层的颜色、主要功能一致，但布局设计有很大区别。因为两个终端的界面尺寸不一样，所以UI设计师在界面布局方面会根据各终端的优势分别进行设计。网页端UI展示的内容、功能较多，移动端UI提炼出重要的、使用频率较高的功能，采用混合式布局方式呈现。

本单元将利用前面所学的知识，分别设计、制作计算机应用技术专业的网页端UI和移动端UI。

# 5.1 网页端UI设计综合项目实战



计算机应用技术专业的网页端UI以十六进制的#8C0607红色为主色调，字体选用常规的微软雅黑，网页版式以规范性和条理性较强的骨骼型为主。专业网站最主要的目的就是让用户查阅信息，所以网页主体宽度不宜太宽，最好不要超过1000像素。本网页端UI设计宽度为860～900像素，整个页面内容清晰、整洁，用户可以更直观、方便地获取信息。

## 5.1.1 主页界面的设计与制作

### 1. 设计主页界面

建立站点及搭建网页结构

①打开Photoshop，新建文件，尺寸可以参考1000像素×974像素。分别建立水平参考线和垂直参考线，并将界面的五部分结构划分出来，如图5-2所示。

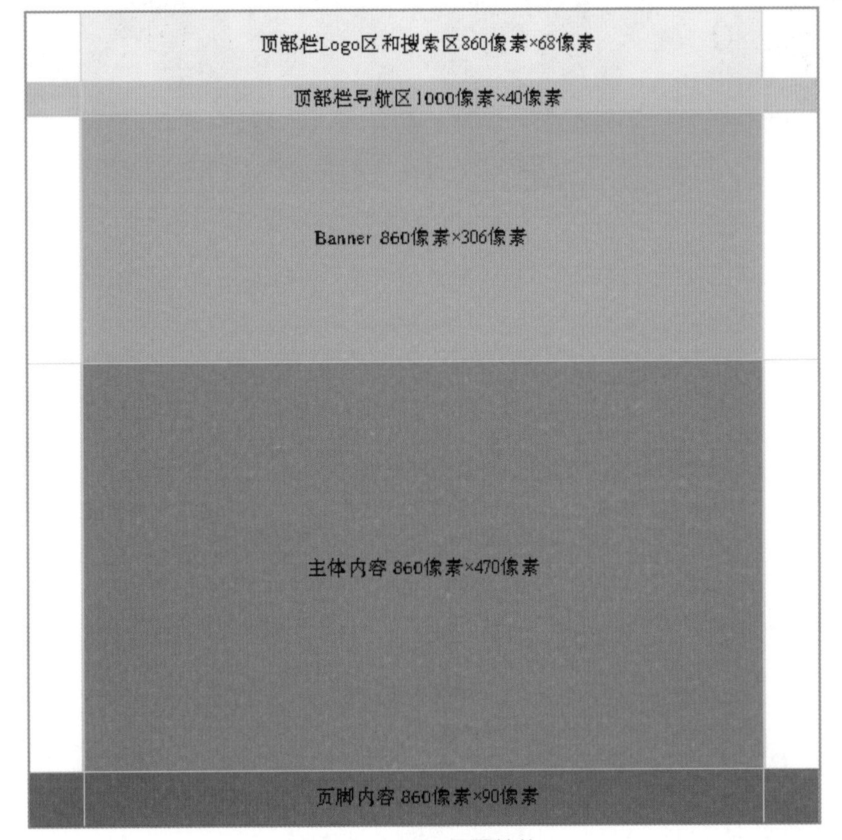


图5-2 主页界面结构

②在顶部栏上方，左侧要展示Logo、专业名称、专业特色，右侧放置搜索栏，以便用户查找需要的内容，设计效果如图5-3所示。

图5-3 顶部栏设计效果

③顶部栏下方导航区的设计要简易、直观，以主色调红色为背景色，白色文字居中，将几个重要模块提炼展示。当鼠标指针经过超链接文本时，白色文字变为灰色，如“在线课程”，设计效果如图5-4所示。

首页 专业介绍 在线课程 学习生活 技能竞赛 社会服务 毕业生风采

图5-4 导航区设计效果

④Banner轮播图的设计比较简单，只需设计好轮播翻页按钮的位置及图片说明即可，效果如图5-5所示。

图5-5 Banner轮播图设计效果

⑤页面主体内容部分模块较多，先将各模块的尺寸设置好，分别建立水平参考线和垂直参考线，设计效果如图5-6所示。

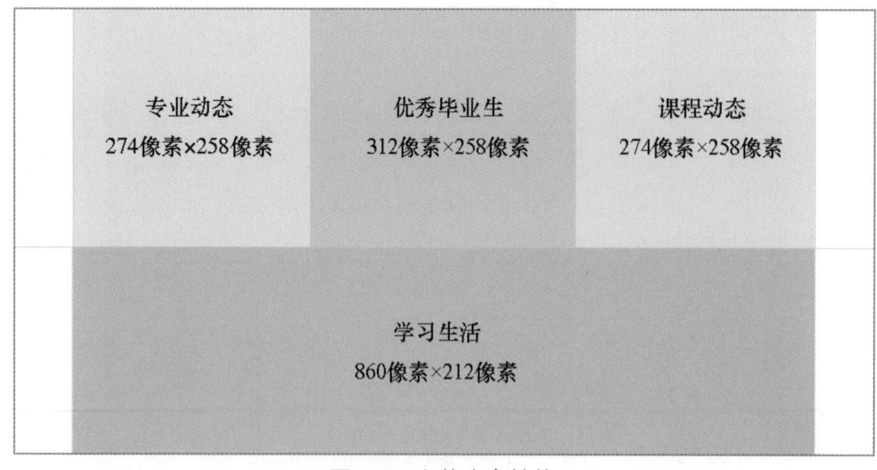


图5-6 主体内容结构

⑥排版时可以考虑对齐原则和重复原则，以“专业动态”模块为例，设计效果如图5-7所示。

图5-7 “专业动态”模块设计效果

⑦为其他各模块设计不同的排版效果。页面主体内容设计效果如图5-8所示。

图5-8 页面主体内容设计效果

⑧页脚主要用于提供版权信息、学校地址及二维码等，设计效果如图5-9所示。

图5-9 页脚内容设计效果

## 2. 制作主页界面

①利用Sublime Text编辑器编写静态网页。首先创建站点文件夹5-1-1，并将主页所用的图片素材文件夹pic_index存放在5-1-1文件夹下的pic文件夹中。将主页使用的样式表存放在5-1-1文件夹下的CSS文件夹中，将主页样式表命名为index.html，如图5-10所示。

②设置主页文件index.html的<head></head>标记，代码如图5-11所示。利用

<title></title>标记为主页添加标题，利用<meta>标记设置字符集和主页关键词，利用<link>标记链接外部样式表。

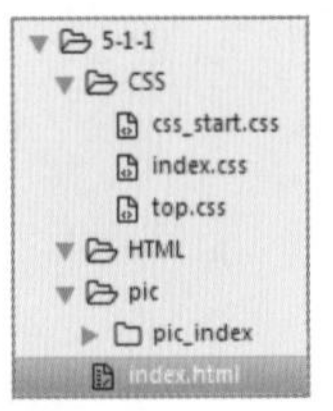


图5-10　站点文件

```
<head>
    <meta charset="utf-8">
    <title>计算机应用技术专业</title>
    <meta name="keywords" content="信息技术
    <base target="_blank">
    <link rel="stylesheet" href="CSS/css_start.css">
    <link rel="stylesheet" href="CSS/top.css">
    <link rel="stylesheet" href="CSS/index.css">
</head>
```

图5-11　head标记设置

③在<body></body>标记中，首先把主页界面的五部分结构搭建起来，利用类选择器区分不同的模块，如图5-12所示。

④在顶部栏上方左侧的Logo区插入一张图片，右侧的搜索栏区插入单行文本框，代码如图5-13所示。

顶部栏

图5-12　主页界面的五部分结构

图5-13　顶部栏代码

⑤顶部栏下方的导航区使用无序列表来实现，代码如图5-14所示。

⑥Banner中的轮播图仅用HTML结构即可实现，代码如图5-15所示。

```
<!-- 导航栏设置 -->
<div class="nav">
    <ul>
        <li><a href="#">首页</a></li>
        <li><a href="#">专业介绍</a></li>
        <li><a href="#">在线课程</a></li>
        <li><a href="#">学习生活</a></li>
        <li><a href="#">技能竞赛</a></li>
        <li><a href="#">社会服务</a></li>
        <li><a href="#">毕业生风采</a></li>
    </ul>
</div>
```

图5-14　导航区代码

图5-15　Banner代码

导航区

Banner

⑦网页主体内容部分，先分为上下两部分，在上层结构中，又分为左中右三部分结构，代码如图5-16所示。

```
<!-- 网页主体内容 -->
<div class="main">
    <!-- 主体内容上半部分 -->
    <div class="main_top clearfix">
        <!-- 专业动态模块 -->
        <div class="main_top1">...
        </div>
        <!-- 优秀毕业生模块 -->
        <div class="main_top2">...
        </div>
        <!-- 课程动态模块 -->
        <div class="main_top1">...
        </div>
    </div>
    <!-- 主体内容下半部分学生生活模块 -->
    <div class="main_bottom">...
    </div>
</div>
```

图5-16 网页主体代码

专业动态1

专业动态2

优秀毕业生

课程动态

学习生活

页脚

⑧页脚结构简单，代码如图5-17所示。

```
<!-- 页脚部分 -->
<div class="footer">
    <p>&copy;2002 - 2019   长春职业技术学院    长春市卫星路3278号 [130033]</p>
    <p>吉ICP备07000052号-3 </p>
    <p>吉公网安备 22010202000250号</p>
    <img src="Pic/pic_index/8.JPG" alt="二维码">
</div>
```

图5-17 页脚代码

⑨在CSS中对各模块进行外观上的约束，以达到网页端UI设计效果。最终实现的主页界面效果如图5-18所示。

图5-18 主页界面效果

### 5.1.2 “图文详情页”子页界面的设计与制作

完成主页界面的设计与制作后，子页界面要与之相关联，无论是颜色、字体，还是设计风格，两者都要保持一致。“图文详情页”子页界面的顶部栏和导航区的效果与主页界面效果基本保持一致，不再保留Banner的轮播图效果，主体内容部分采用左右分割型版式，页脚只显示背景，不放置信息。

“图文详情页”网页结构

#### 1. 设计子页界面

①打开Photoshop，新建文件，尺寸可以参考1000像素×698像素，分别建立水平参考线和垂直参考线，将子页界面的结构划分出来，然后把主页界面中的顶部栏和导航区直接复制过来，如图5-19所示。

图5-19 子页界面结构

②在正文内容部分，最上方为面包屑导航栏位置，显示当前访问路径，下方为正文内容，包括标题、正文及图片。设计效果如图5-20所示。

当前位置：首页 > 技能竞赛 > 正文

2019年专业原则设计大赛颁奖仪式顺利进行

作者：郑玮 发布时间：2019-06-26

2019年6月26日，计算机应用技术专业原创设计大赛颁奖仪式顺利召开。分院党总支书记、教学院长、教务科科长参加此次活动，与专业合作承办此次大赛的公司张经理也到会为获奖同学表示祝贺。此次大赛共收到17级同学参赛作品190余份，作品的数量、质量都高于往年。经过认真评审，有39位同学获奖。

在颁奖仪式中，分院及公司领导为获奖同学进行了颁奖，一等奖获得者同学还为大家分享了设计、制作的心得。参加活动的级同学表示，非常羡慕获奖的学哥学姐，自己也要加倍努力，争取在来年的大赛中也能获奖。

部分获奖作品

图5-20 正文内容部分设计效果

③子页界面右侧“相关内容”部分，上方为标题，下方为具体内容，用横线将内容分隔开。设计效果如图5-21所示。

图5-21 “相关内容”部分设计效果

④页脚部分很简单，不显示文字内容，仅显示背景颜色即可，高度为20像素。“图文详情页”子页界面最终效果如图5-22所示。

图5-22 “图文详情页”子页界面最终效果

## 2. 制作子页界面

①利用Sublime Text编辑器编写静态网页，先创建站点文件夹5-1-1，并将“图文详情页”子页界面所用的图片素材文件夹pic_tuwen存放在5-1-1文件夹下的pic文件夹中。在5-1-1文件夹下的CSS文件夹中创建tuwen.css样式表，在5-1-1文件夹下的HTML文件夹中创建子页文件tuwen.html。效果如图5-23所示。

②设置<head></head>标记，代码如图5-24所示。利用<title></title>标记为子页添加标题，利用<meta>标记设置字符集和子页关键词，利用<link>标记链接外部样式表。

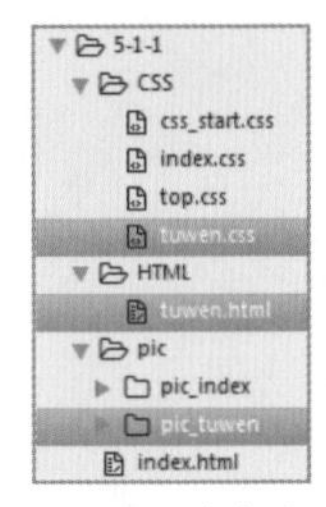


图5-23 站点文件

```
<head>
    <meta charset="utf-8">
    <title>计算机应用技术专业 技能竞赛</title>
    <meta name="keywords" content="计算机应用技术专业 技能竞赛">
    <base target="_blank">
    <link rel="stylesheet" href="../CSS/css_start.css">
    <link rel="stylesheet" href="../CSS/top.css">
    <link rel="stylesheet" href="../CSS/tuwen.css">
</head>
```

图5-24 具体代码

③在<body></body>标记中，将子页界面的4个部分结构搭建起来，利用类选择器区分不同的模块，如图5-25所示。其中的顶部栏和导航区与主页界面完全一致。

④子页界面的正文内容部分，上方为面包屑导航栏。代码如图5-26所示。

```
<body>
    <!-- 顶部栏 -->
    <div class="header"> ...
    </div>

    <!-- 导航栏 -->
    <div class="nav">...
    </div>

    <!-- 网页主体内容 -->
    <div class="main clearfix">
        <!-- 网页主体左侧内容 -->
        <div class="main_left">...
        </div>
        <!-- 网页主体右侧内容 -->
        <div class="main_right">...
        </div>
    </div>

    <!-- 网页页脚 -->
    <div class="footer"></div>
</body>
```

图5-25　子页界面结构

```
<!-- 面包屑导航栏 -->
<div class="main_left_top">
    <span>当前位置：</span>
    <a href="../index.html">首页</a>
    <span>&gt;</span>
    <a href="#">技能竞赛</a>
    <span>&gt;</span>
    <span>正文</span>
</div>
```

图5-26　面包屑导航栏代码

⑤正文内容部分，用标题标记和段落标记实现代码，如图5-27所示。

```
<!-- 正文部分 -->
<div class="main_left_middle">
    <h2>
        2019专业原创设计大赛颁奖仪式顺利进行
    </h2>
    <h4>
        <span>作者:</span>
        <span>郑玮</span>
        <span>发布时间：</span>
        <span>2019-06-26</span>
    </h4>
    <p>
        2019年6月26日，计算机应用技术专业原创设计大赛颁奖仪式顺利召开。分院党总支书记、教
        学院长、教务科科长参加此次活动，与专业合作承办此次大赛的公司张经理也到会对获奖同学
        表示祝贺。此次大赛共收到2017级同学参赛作品190余份，作品的数量、质量都高于往年。经过
        认真 评审，有39位同学获奖。
    </p>
    <p>
        在颁奖仪式中，分院及公司领导为获奖同学进行了颁奖，一等奖获得者同学还为大家分
        享了设计、制作的心得。参加活动的2018级同学表示，非常羡慕获奖的学哥学姐，自己也要加倍
        努力，争取在来年的大赛中也能获奖。
    </p>
</div>
```

“图文详情页”
子页界面左侧1

“图文详情页”
子页界面左侧2

图5-27　正文部分代码

⑥插入正文内容部分下方的图片时，注意相对路径的使用，代码如图5-28所示。

```
<!-- 正文下面图片 -->
<div class="main_left_bottom">
    <div class="main_left_bottom_pic clearfix">
        <img src="../Pic/pic_tuwen/1.jpg" alt="获奖作品">
        <img src="../Pic/pic_tuwen/2.jpg" alt="获奖作品">
        <img src="../Pic/pic_tuwen/3.jpg" alt="获奖作品">
        <img src="../Pic/pic_tuwen/4.jpg" alt="获奖作品">
    </div>
    <p>部分获奖作品</p>
</div>
```

图5-28　正文内容部分下方图片的代码

⑦子页界面右侧“相关内容”部分的代码与主页界面的“课程动态”模块相似，如图5-29所示。

⑧页脚部分没有文字内容，只需在CSS中约束尺寸与背景颜色即可，如图5-30所示。

“图文详情页”
子页界面右侧

```
<!-- 网页主体右侧内容 -->
<div class="main_right">
    <div class="main_right_top clearfix">
        <h3>专业动态</h3>
        <a href="#">更多&gt;</a>
    </div>
    <ul>
        <li>
            <h4>第十一届全国大学生广告设计大赛作品征集</h4>
            <span>发布时间：2019-05-06</span>
        </li>
        <li>…
        </li>
        <li>…
        </li>
        <li>…
        </li>
        <li>…
        </li>
    </ul>
</div>
```

图5-29 “相关内容”部分的代码

```
/* 网页页脚 */
.footer{
    height: 20px;
    background: #8C0607;
    margin-top: 30px;
}
```

图5-30 页脚的CSS

### 5.1.3 “视频详情页”子页界面的设计与制作

“视频详情页”与“图文详情页”子页界面效果风格一致，顶部栏页脚完全一致，主体内容部分也采用左右分割型版式，只是“视频详情页”子页界面的左侧是垂直导航栏，右侧是主体内容。

“视频详情页”网页结构

#### 1. 设计子页界面

①打开Photoshop，新建文件，尺寸可以参考1000像素×780像素。分别建立水平参考线和垂直参考线，将界面的结构划分出来，然后把“图文详情页”子页界面中的顶部栏和页脚直接复制过来，如图5-31所示。

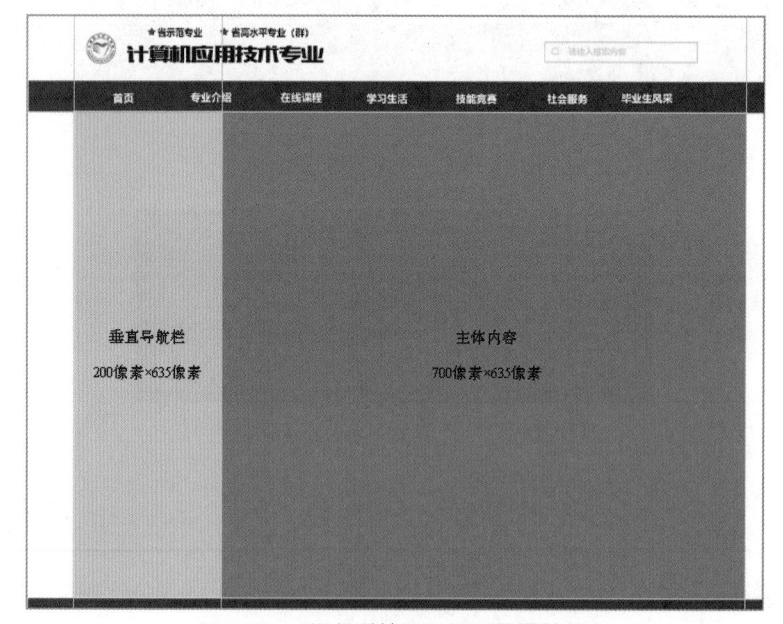


图5-31 “视频详情页”子页界面结构

②左侧垂直导航栏部分的上方为标题，下方为导航内容，中间用实线分隔，效果如图5-32所示。

③右侧主体内容部分，显示效果与“图文详情页”子页界面的正文内容部分相似，效果如图5-33所示。

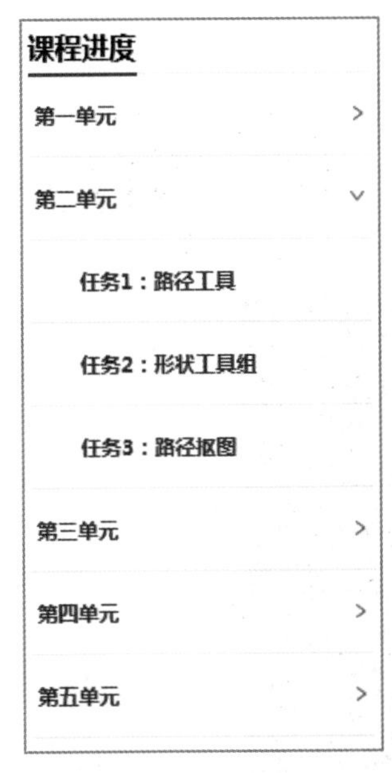


图5-32 垂直导航栏效果

图5-33 主体内容效果

④“视频详情页”子页界面最终效果如图5-34所示。

图5-34 “视频详情页”子页界面最终效果

## 2. 制作子页界面

①利用Sublime Text编辑器编写静态网页，先创建站点文件夹5-1-1，并将“视频详情页”子页界面所用的图片素材文件夹pic_shipin存放在文件夹5-1-1下的pic文件夹中，在文件夹5-1-1下的CSS文件夹中创建shipin.css样式表，在文件夹5-1-1下的HTML文件夹中创建子页文件shipin.html，效果如图5-35所示。

②设置<head></head>标记和<body></body>标记，可参考“图文详情页”子页界面的对应内容，两个子页界面风格一致。

③左侧的垂直导航栏部分，代码如图5-36所示。

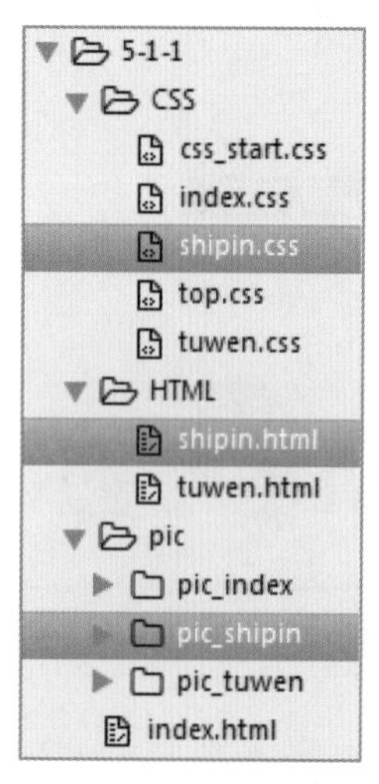


图5-35　站点文件

```
<!-- 网页主体左侧垂直导航栏 -->
<div class="main_left">
    <div class="main_left_top">
        <h3>课程进度</h3>
    </div>
    <ul>
        <li>
            <a href="#">第一单元<span></span></a>
        </li>
        <li class="unit2">
            <a href="#">第二单元<span></span></a>
        </li>
            <ul class="unit2_sub">
                <li><a href="#">任务1: 路径工具</a></li>
                <li><a href="#">任务2: 形状工具组</a></li>
                <li><a href="#">任务3: 路径抠图</a></li>
            </ul>
        <li>
            <a href="#">第三单元<span></span></a>
        </li>
        <li>
            <a href="#">第四单元<span></span></a>
        </li>
        <li>
            <a href="#">第五单元<span></span></a>
        </li>
    </ul>
</div>
```

图5-36　垂直导航栏代码

“视频详情页”子页界面左侧

④右侧主体内容部分内容上方的面包屑导航栏与“图文详情页”子页界面完全一致，这里不再介绍，下方的正文内容代码如图5-37所示。

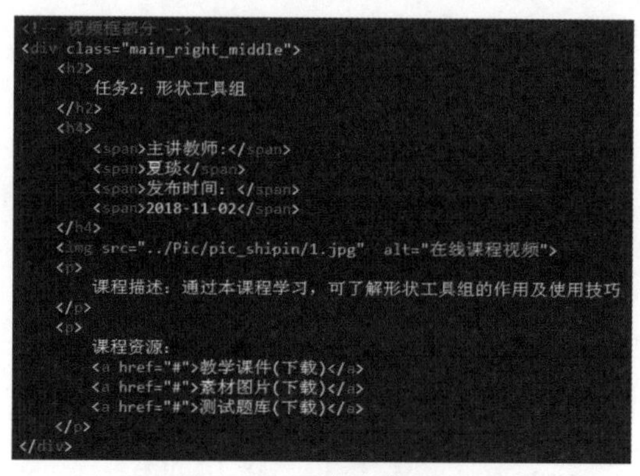

```
<!-- 视频框部分 -->
<div class="main_right_middle">
    <h2>
        任务2: 形状工具组
    </h2>
    <h4>
        <span>主讲教师:</span>
        <span>夏琰</span>
        <span>发布时间: </span>
        <span>2018-11-02</span>
    </h4>
    <img src="../Pic/pic_shipin/1.jpg"  alt="在线课程视频">
    <p>
        课程描述: 通过本课程学习, 可了解形状工具组的作用及使用技巧
    </p>
    <p>
        课程资源:
        <a href="#">教学课件(下载)</a>
        <a href="#">素材图片(下载)</a>
        <a href="#">测试题库(下载)</a>
    </p>
</div>
```

图5-37　正文内容代码

“视频详情页”子页界面右侧1

“视频详情页”子页界面右侧2

⑤主体内容部分视频框下面的“推荐课程”模块，与主页中的“学习生活”模块相似，这里不再介绍。

至此，我们完成了主页界面、两个子页界面的设计与制作，不难发现，子页界面的设计都是在主页界面的设计基础上的，风格一致，版式布局可略微变化，避免千篇一律。



# 5.2 移动端UI设计综合项目实战

在网页端UI设计的基础上，移动端UI设计延续网页端UI的主题层颜色，采用混合式布局方式呈现。利用Photoshop制作时，基于iPhone 6/7/8适用的分辨率进行设计，即界面尺寸为750像素×1334像素。界面的主题层颜色、辅助层颜色、提醒层颜色的设置如图5-38所示。

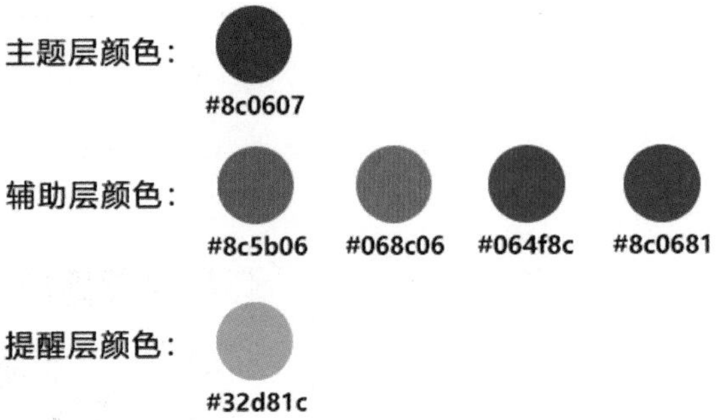

主题层颜色：#8c0607

辅助层颜色：#8c5b06　#068c06　#064f8c　#8c0681

提醒层颜色：#32d81c

图5-38　颜色设置

## 5.2.1 主界面的设计与制作

①打开Photoshop，新建文件，尺寸为750像素×1334像素。利用矩形工具和参考线对界面进行布局。标出界面中的状态栏（高为40像素）、标题栏（高为88像素）、标签栏（高为98像素），左右两侧距边缘22像素，如图5-39所示。

②状态栏和标题栏的背景颜色为主题层颜色（R：140，G：6，B：7）。制作状态栏处的控件。使用圆角矩形工具、形状工具组等完成上方搜索栏的制作。效果如图5-40所示。

③在标签栏处绘制白色矩形，描1像素深灰色边缘（R：132，G：132，B：132）。依据网页端UI各功能和重要性、使用频率，为标签栏设置“首页”“学习”“活动”3个标签。分别设计标签的图标和文字，文字字号为22像素，如图5-41所示。

图5-39　主界面布局

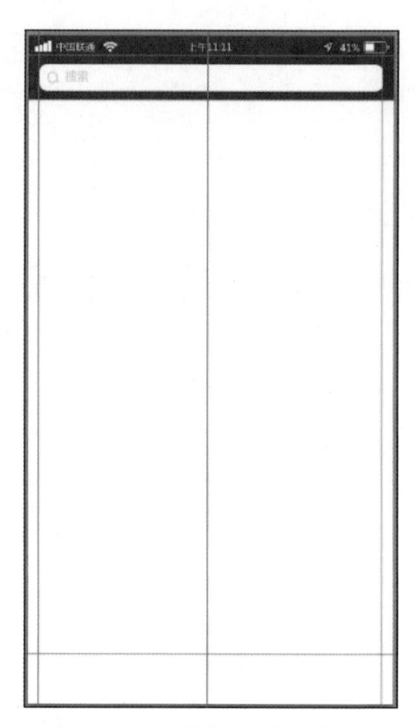


图5-40　状态栏和标题栏

④在图5-42所示的位置，放置轮播的图片，高度为250像素。绘制6个小圆，等距分布后放置到图片下方。

图5-41　标签栏

图5-42　轮播图

⑤依据网页的功能制作6个分类，如图5-43所示。代表每个分类的圆形直径为124像素，颜色可从辅助色中选取。图标的颜色为白色，文字字号为28像素。

⑥接下来制作专业动态的列表，如图5-44所示。列表高度为120像素，使用浅灰色分隔线进行分隔。前面图标的大小为50像素×50像素，标题文字字号为28像素，小字字号为20像素。在右侧添加页面跳转图标。依此方法，完成下方列表的制作。

⑦微调各部分的位置，加入提醒信息，即可完成主界面的制作。效果如图5-45所示。

移动端UI主界面制作1

移动端UI主界面制作2

移动端UI主界面制作3

移动端UI主界面制作4

移动端UI主界面制作5

图5-43 分类

图5-44 列表

图5-45 主界面效果

## 5.2.2 “图文详情页”子页界面的设计与制作

①以前面网页端UI的“图文详情页”子页界面为基础，设计移动端UI的子页界面。将上面的“主界面”另存为“图文详情页”，保留状态栏，修改标题栏内容。在标题栏左侧添加“返回”图标，右侧添加“更多”图标，图标的大小为44像素×44像素，如图5-46所示。

②添加标题文字，如图5-47所示。标题文字字号为36像素，颜色为黑色，距标题栏48像素。说明文字字号为24像素，颜色为浅灰色。

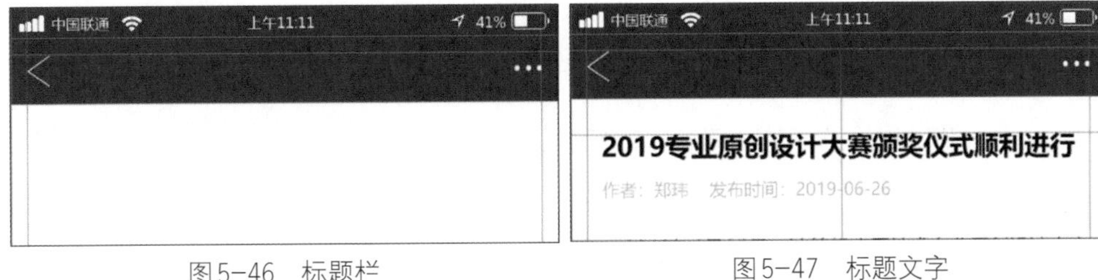


图5-46 标题栏　　图5-47 标题文字

图文详情页
制作1

图文详情页
制作2

图文详情页
制作3

③添加正文文字，如图5-48所示。正文文字字号为28像素，行间距为56像素，距离标题文字58像素。为了子页界面效果更好，可以微调每行的字符间距，让文字看起来整齐、美观。

④调入素材图片，距离正文文字58像素，将图片遮盖在标签栏下方，如图5-49所示。

⑤制作标签栏内容，如图5-50所示。使用圆角矩形工具创建半径为15像素的圆角矩形，添加深灰色的描边和内阴影效果。再添加“转发”“收藏”图标，图标大小为44像素×44像素。

⑥微调各部分的位置，可完成“图文详情页”子页界面的制作，效果如图5-51所示。

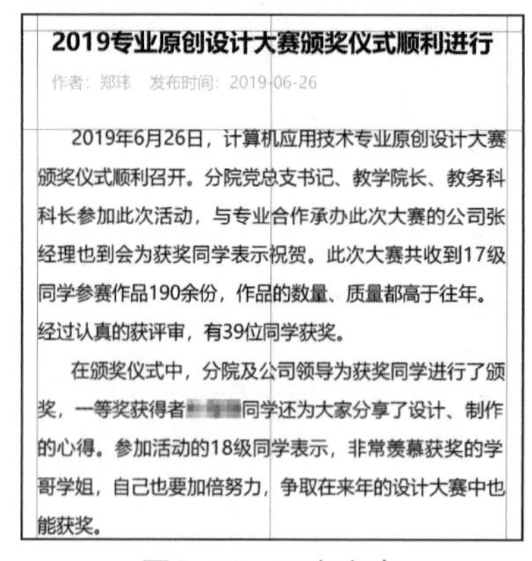


图5-48　正文文字

图5-49　插入图片

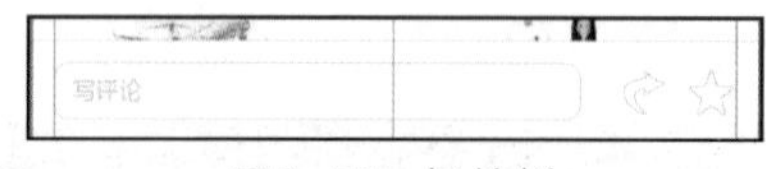


图5-50　标签栏

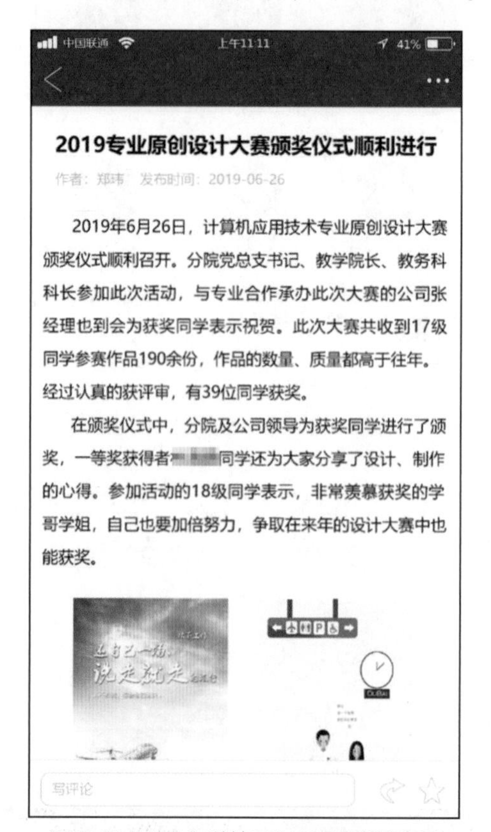


图5-51　“图文详情页”子页界面效果

## 5.2.3　“视频详情页”子页界面的设计与制作

①以前面网页端UI的“视频详情页”子页界面为基础，设计移动端UI的子页界面。将“图文详情页”另存为“视频详情页”，保留状态栏和标题栏的“返回”图标，并调入素材图片，图片高为398像素，如图5-52所示。

视频详情页
制作1

视频详情页
制作2

视频详情页
制作3

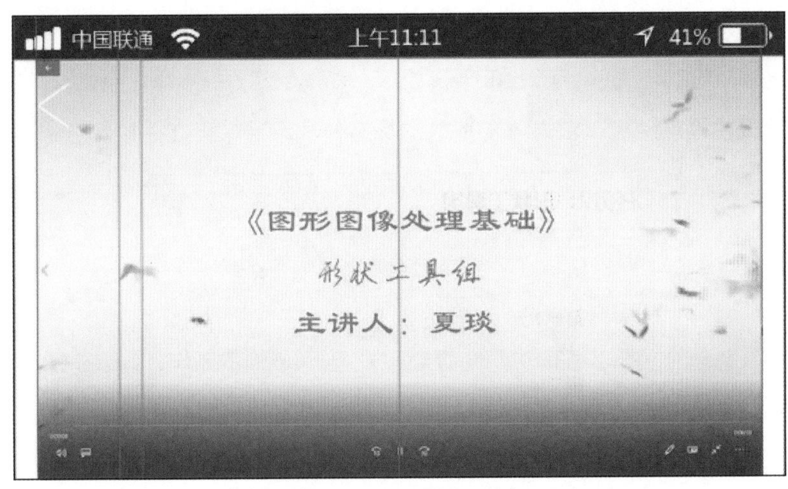


图5-52 插入视频图片

②在视频下方添加“推荐课程”内容，距离视频图片48像素，如图5-53所示。标题文字字号为20像素，课程说明文字字号为18像素。值得注意的是，此处将课程右侧处理成图片缺失的效果，表明可以滑动以显示更多内容。

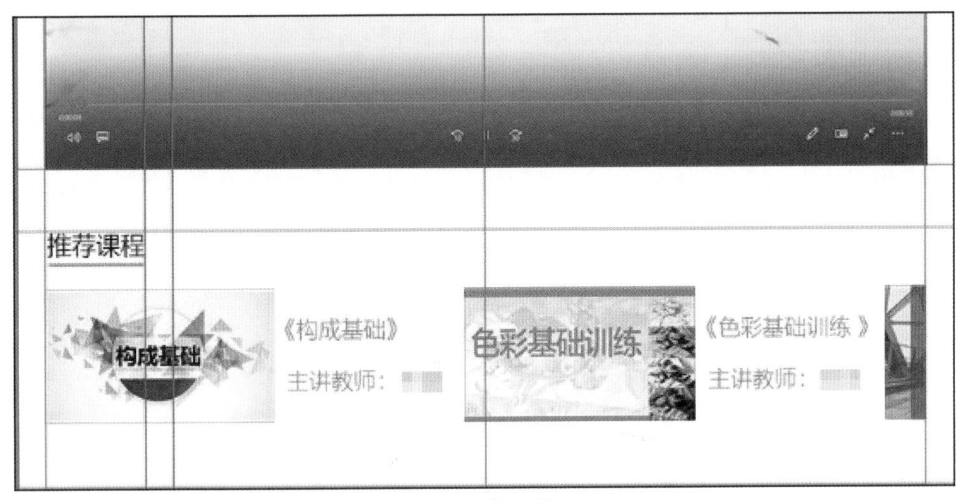


图5-53 推荐课程

③添加视频说明信息，高度为160像素，如图5-54所示。3行文字字号分别为34像素、24像素和20像素，使用不同程度的灰色加以区分。在右侧绘制“下载”图标，大小为44像素×44像素。

图5-54 视频说明信息

④制作列表信息，如图5-55所示。列表的高度为100像素，添加左侧的图标，半径为10像素。再添加文字，与图标的间距为22像素，文字字号为28像素。将“任务2”的颜色处理成主题层颜色，前方添加播放的标志，表示当前正在播放任务2视频文件。

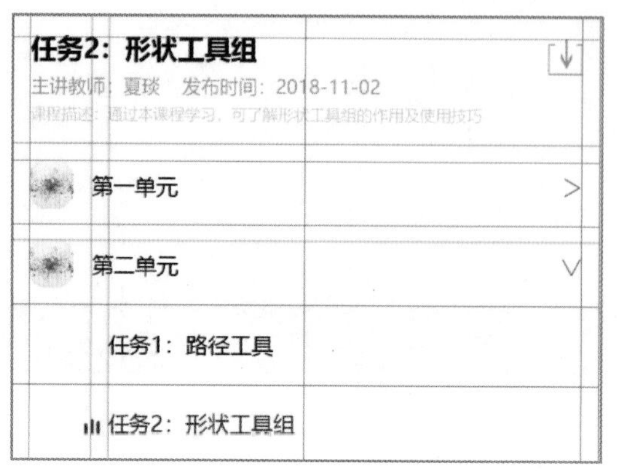


图5-55　列表

⑤添加列表右侧的小图标，为列表添加1像素浅灰色的分隔线。

⑥标签栏与“图文详情页”子页界面中的标签栏一致即可。微调各部分的位置，即可完成“视频详情页”子页界面的制作，效果如图5-56所示。

图5-56　“视频详情页”子页界面效果

# 5.3 单元小结

在本单元中，通过实际制作计算机应用技术专业的网页端UI和移动端UI对前面几个单元所讲的知识加以综合运用，并详细介绍了网页端UI向移动端UI移植的方法。

# 5.4 课后习题

请运用本单元所学的知识完成以下任务。

1．设计一个网页端UI。

2．依据上面设计的网页端UI的功能，设计移动端UI。

# 扩展知识扫码阅读

## 设计基础知识

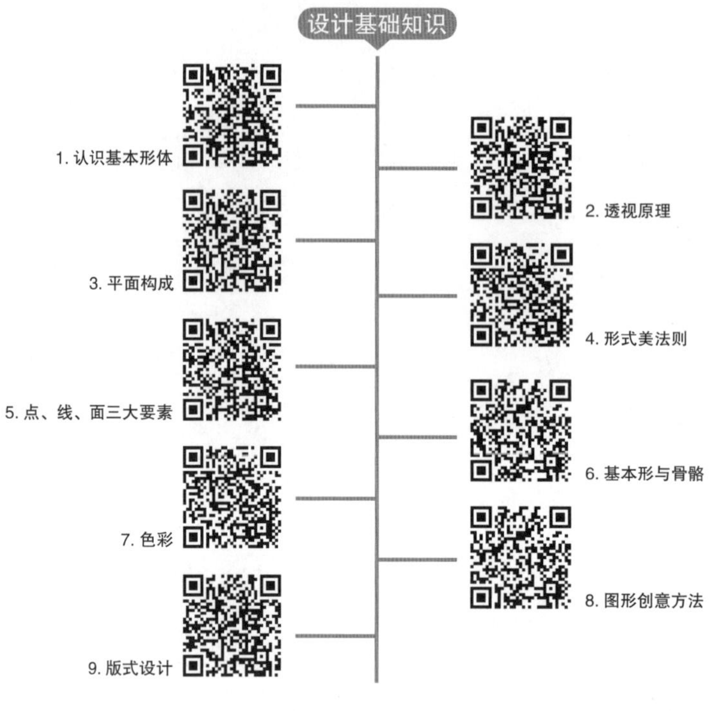


## 设计应用知识